Jürgen Weber / Sven Schaier / Oliver Strangfeld
Berichte für das Top-Management

W0190991

Professor Dr. Jürgen Weber lehrt Controlling an der Wissenschaftlichen Hochschule für Unternehmensführung (WHU) in Vallendar. Seine Devise ist: Nichts ist so gut für die Praxis wie eine gute Theorie. Jürgen Weber ist Herausgeber von Controlling & Management. Er ist Autor zahlreicher Bücher, z.B. Einführung in das Controlling.

Dipl.-Ök. Sven Schaier ist wissenschaftlicher Mitarbeiter am Center for Controlling and Management (CCM) des Lehrstuhls für Controlling und Telekommunikation von Prof. Jürgen Weber an der WHU.
Seine Forschungsschwerpunkte liegen in den Bereichen Controlling und internationale Rechnungslegung.

Dipl.-Phys. Oliver Strangfeld ist wissenschaftlicher Mitarbeiter des CCM am Lehrstuhl für Controlling und Telekommunikation von Prof. Jürgen Weber. Seine Forschungsschwerpunkte liegen in der Analyse der Wirkung von Anreizsystemen und der Anwendung von Computersimulationen bei der Bearbeitung von ökonomischen Fragestellungen.

Jürgen Weber / Sven Schaier / Oliver Strangfeld

Berichte für das Top-Management

Ergebnisse einer Benchmarking-Studie

Advanced Controlling, Band 43

WILEY-VCH Verlag GmbH & Co. KGaA

1. Auflage 2005

Bibliografische Information der Deutschen Bibliothek
Die Deutsche Bibliothek verzeichnet diese Publikation in der Deutschen Nationalbibliografie; detaillierte bibliografische Daten sind im Internet über <http://dnb.ddb.de> abrufbar.

© 2005 WILEY-VCH Verlag GmbH & Co. KGaA, Weinheim.

Printed in the Federal Republic of Germany.

Gedruckt auf säurefreiem Papier.

Satz   Kühn & Weyh, Freiburg
Druck und Bindung   Ebner & Spiegel GmbH, Ulm
Umschlaggestaltung   init GmbH, Bielefeld

ISBN-13   978-3-50132-8
ISBN-10   3-527-50132-0

Inhalt

Vorwort

Controller und Zahlen – wer zweifelt daran, dass das gut zusammenpasst? Controller haben für die betriebswirtschaftliche Transparenz zu sorgen. Diese kann man sich ohne Zahlen nicht vorstellen. Controller berichten dem Management, sie sind »Zahlenverkäufer«, sie versuchen, dem Management mit Zahlen zu einem besseren Verständnis des Geschäfts und damit zu besseren Entscheidungen zu verhelfen.

Dabei nehmen Controller ihre Funktion der Informationsversorgung auf ganz unterschiedlichen Wegen wahr. Die kurze Antwort auf eine präzise Frage am Telefon gehört ebenso dazu wie ein detailliertes Exposé über einen bestimmten Tatbestand, etwa die Erfolgsperspektiven eines Geschäftsbereichs oder das wirtschaftliche Entwicklungspotenzial einer neuen Technologie.

Innerhalb dieser unterschiedlichen Wege kommt dem laufenden Berichtswesen eine exponierte Stellung zu. Controller informieren ihre Manager hiermit auf eine standardisierte Weise zu festen Zeitpunkten, typischerweise monatlich. Die Berichte genießen eine hohe Aufmerksamkeit beim Management. Controller stehen – da sie zumeist die Ergebnisse präsentieren – für diese Zeit im Rampenlicht. Grund genug, sich intensiv um die Ausgestaltung dieser laufenden Berichte zu kümmern.

Schaut man in die Praxis, gibt es aber eine ganz erstaunliche Unsicherheit darüber, was und in welcher Form denn nun genau berichtet werden sollte. Kurzfristige Wünsche des Managements (»Wir müssen unbedingt auch etwas über die Kundenzufriedenheit erfahren«) konkurrieren mit der Berichtstradition (»Der war bei uns schon immer mehr als hundert Seiten stark«) und technischen Möglichkeiten (»Das können wir jetzt ganz elegant dreidimensional darstellen«). Eine schlüssige Ableitung der Berichtsinhalte aus dem Informationsbedarf der Berichtsempfänger findet man selten: Grund genug, sich mit dem Thema näher auseinanderzusetzen!

Wir werden in diesem AC-Band – dem ersten im neuen Gewand – zum einen die zu berücksichtigenden Einflussfaktoren auf das Berichtswesen vorstellen und Sie zum anderen mit der Praxis des Berichtswesens großer deutscher Konzerne vertraut machen. Theoretische Aspekte kommen mit praktischer Erfahrung zusammen – und so sollte es ja in dieser Schriftenreihe auch stets sein!

1 Berichte für das Top-Management

Die Versorgung des Managements mit Informationen ist eine der Kernaufgaben des Controllings. In der Unternehmenspraxis nehmen hierbei Berichte eine entscheidende Position ein. Der vom Controlling an das Top-Management gelieferte Monatsbericht kann dabei als das Kernstück des Berichtswesens bezeichnet werden. Oft wird das Berichtswesen von Controllern jedoch als ungeliebte Routineaufgabe empfunden und die Erstellung und Gestaltung von Standardberichten wird kaum hinterfragt. »Unser Bericht war schon immer so« oder »Das hat sich mit der Zeit so ergeben« sind Aussagen, auf die man in der Praxis nur allzu häufig stößt.

Vergleicht man solche Äußerungen mit der tatsächlichen Relevanz, die Berichten in der Praxis zukommt, und der Aufmerksamkeit, die ihnen vom Management zuteil wird, offenbart sich schnell Handlungsbedarf. Gerade bei den wichtigsten Kunden des Controllings, dem Top-Management, kommt dem Monatsbericht besondere Bedeutung zu. Zunächst sorgt der Monatsbericht für ein gemeinsames »Basiswissen« der Unternehmensführung über den Geschäftsverlauf. Zudem zeigt er Handlungsbedarfe und kritische Entwicklungen auf. Damit dient er als »Radar« für die Unternehmenssteuerung sowie als zentraler Ausgangspunkt für die Beschaffung zusätzlicher Informationen.

Hinzu kommt, dass in der Informationsversorgung – parallel zur Bewältigung der schon sprichwörtlichen Informationsflut – Schnelligkeit zu einem immer wichtigeren Erfolgsfaktor wird. Vor diesem Hintergrund wird eine Optimierung des Berichtswesens zunehmend bedeutender, gleichzeitig aber auch anspruchsvoller.

Berichte für das Top-Management sind Kernprodukte des Controllings

Für das Controlling gilt daher: Zwar können im Berichtswesen keine grundlegenden Mängel in der Informationsversorgung – wie beispielsweise das Fehlen von Daten – mehr behoben werden. Aber gerade im Berichtswesen ist die Gefahr groß, durch kleine Fehler Erfolge einer ansonsten gut aufgestellten Informationsversorgung leichtfertig zu verspielen. Zudem treten vorgelagerte Mängel in der Informationsversorgung häufig erst bei der Berichterstattung zutage. Dies alles sind Gründe für das Controlling, das Berichtswesen und die Reaktionen der Berichtsempfänger aufmerksam zu beobachten.

Das Berichtswesen ist Kristallisationspunkt der Informationsversorgung

Die Fragen zum Berichtswesen, die Controller und Manager gleichermaßen stellen müssen, lauten daher:

9

- Inwieweit decken die gelieferten Informationen den Informationsbedarf?
- Können die relevanten Informationen in den Berichten schnell gefunden und aufgenommen werden?
- Wie können Verbesserungspotenziale im Berichtswesen ermittelt und genutzt werden?

Für Verbesserungen sollte das bestehende Berichtswesen systematisch hinterfragt werden

Für die Beantwortung dieser Fragen und für eine Optimierung des Berichtswesens spielen vier Faktoren eine herausragende Rolle: erstens ein fundiertes Hintergrundwissen darüber, welche grundlegenden Überlegungen die Gestaltung des Berichtswesens leiten sollten; zweitens die Kenntnis der für Berichte bestehenden Gestaltungsmöglichkeiten; drittens – als Vergleichsmaßstab – ein Überblick über den Stand des Berichtswesens in der Praxis und viertens eine Vorgehens-Systematik, die hilft, konkrete Verbesserungspotenziale im Berichtswesen aufzudecken und Verbesserungen umzusetzen.

Gerade in Bezug auf die für Berichte bestehenden Gestaltungsmöglichkeiten und die Informationswünsche der Berichtsempfänger laufen rein theoretisch abgeleitete Empfehlungen schnell am Bedarf der Praxis vorbei oder lassen sich schlicht nicht umsetzen. Daher stützen sich unsere Überlegungen auf die von uns im Rahmen einer Benchmarking-Studie in sieben deutschen Großunternehmen gesammelten Erkenntnisse. Bezugspunkt des Benchmarking ist da-

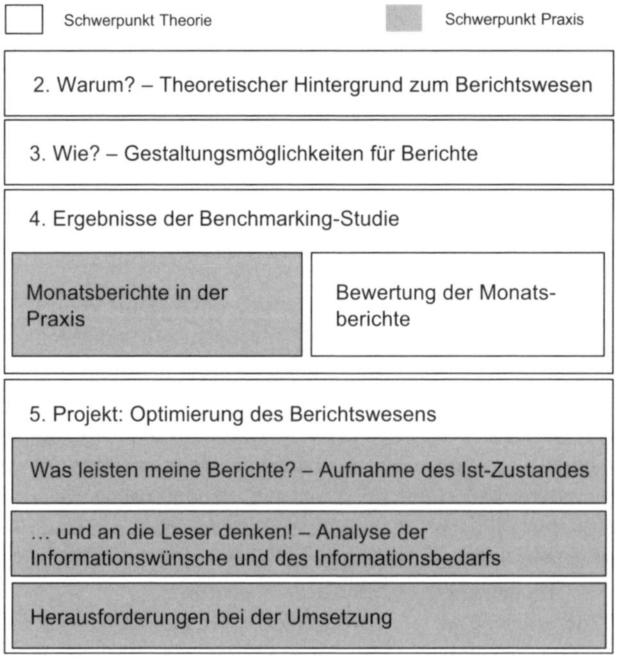

Schwerpunkt Theorie   Schwerpunkt Praxis

2. Warum? – Theoretischer Hintergrund zum Berichtswesen

3. Wie? – Gestaltungsmöglichkeiten für Berichte

4. Ergebnisse der Benchmarking-Studie

Monatsberichte in der Praxis

Bewertung der Monatsberichte

5. Projekt: Optimierung des Berichtswesens

Was leisten meine Berichte? – Aufnahme des Ist-Zustandes

… und an die Leser denken! – Analyse der Informationswünsche und des Informationsbedarfs

Herausforderungen bei der Umsetzung

Abb. 1: Gliederung dieses Bandes

bei der vom Controlling an die Unternehmensleitung gelieferte Monatsbericht als das »Kernprodukt« innerhalb des Berichtswesens. Im Rahmen des Benchmarking wurden die Inhalte und die Gestaltung der »Produkte« untersucht und die für ihre Erstellung erforderlichen Prozesse analysiert. Darüber hinaus fand eine umfassende Erhebung der Einschätzungen des Monatsberichtes durch die Berichtsempfänger (Manager) und -ersteller (meist Controller) statt. Durch das Benchmarking wird ein Überblick über in der Praxis bestehende Gestaltungsmöglichkeiten gegeben. Für Praktiker bietet es zudem einen Bezugspunkt, um den eigenen Bericht im Vergleich einordnen zu können. Darüber

hinaus kann die Idee des Benchmarking als Ausgangspunkt für ein eigenes Projekt zur Optimierung des Berichtswesens dienen.

Im nachfolgenden Kapitel wird zunächst theoretisches Hintergrundwissen zum Berichtswesen aufgebaut. Im Kapitel 3 werden die für Berichte bestehenden Gestaltungsmöglichkeiten aufgezeigt. Das Kapitel 4 beinhaltet die Ergebnisse aus der Benchmarking-Studie. Das Kapitel 5 liefert Anregungen und einen Leitfaden für ein Projekt zur Optimierung der Monatsberichterstattung. Im Kapitel 6 werden die Aussagen und Ergebnisse dieses Bandes noch einmal zusammengefasst und gebündelt.

2 Warum? – Theoretischer Hintergrund zu Berichtswesen und Berichten

Unter dem Begriff des Berichtswesens wird hier die Gesamtheit der an unternehmensinterne Adressaten gerichteten Berichte eines Unternehmens gefasst. Das Berichtswesen bildet insbesondere in größeren Unternehmen meist ein zentrales Element in der Informationsversorgung.

Warum Berichte?

Der grundlegende Bedarf für ein ausgebautes Berichtswesen erklärt sich durch ein Auseinanderfallen von Informationserzeugung und Informationsverwendung. Hierzu kommt es zum einen durch die Arbeitsteilung innerhalb der Unternehmen. So ist beispielsweise die Konzernführung häufig sowohl räumlich als auch hierarchisch von operativen Einheiten in der Produktion oder vom Vertrieb weit entfernt. Darüber hinaus kann Arbeitsteilung aber auch direkt im Bereich der Informationsversorgung – bezogen auf eine Trennung von Informationsbeschaffung und -verwendung – sinnvoll sein, etwa dann, wenn Manager nicht über ausreichende Zeit verfügen, um bestimmte Informationen selbst zu gewinnen, nicht das nötige Fachwissen besitzen (zum Beispiel bei Marktstudien) oder wenn sie hierfür

schlicht »zu teuer« sind. Aus den angeführten Ursachen für die Entwicklung eines Berichtswesens wird auch klar, warum diesem vor allem in größeren Unternehmen eine hohe Bedeutung zukommt.

Informationsbedarf als Ausgangspunkt

Vordergründig geht es in Berichten um die Übermittlung von Informationen. Der Übermittlungsvorgang selbst ist aber eher trivial. Die besondere Herausforderung liegt vielmehr darin, festzulegen, *welche* Informationen *wie* übermittelt werden. Dies wird davon bestimmt, welche Informationen vom Management benötigt werden. Ausgangspunkt für die Gestaltung des Berichtswesens muss daher der Informationsbedarf der Berichtsempfänger sein. Er sei im Folgenden ausführlicher betrachtet und in einem ersten Schritt in einen *objektiven* und einen *subjektiven Informationsbedarf* unterteilt.

Der *objektive Informationsbedarf* ergibt sich aus den Aufgaben, die die Informationsempfänger erfüllen. Soweit diese vor allem mit einfachen Routinetätigkeiten betraut sind, ist der objektive Informationsbedarf meist relativ gering. Für

Berichte sind eine zentrale Informationsquelle für das Management

Berichte sollten sich am Informationsbedarf der Empfänger orientieren

13

die Bewältigung von Aufgabenstellungen, bei denen das Lösen von Problemen oder das Treffen von Entscheidungen im Mittelpunkt stehen, steigt der Informationsbedarf jedoch stark an. So werden – je nach Aufgabe – beispielsweise Informationen über das Marktumfeld, über die an anderer Stelle im Unternehmen getroffenen Entscheidungen oder über verfügbare Kapazitäten benötigt.

Je komplexer die zu erledigenden Aufgaben sind und je mehr Freiräume bei ihrer Bewältigung bestehen, umso schwieriger lässt sich allerdings der erforderliche Informationsbedarf auf direktem Wege aus der Aufgabenstellung bestimmen. Dies gilt insbesondere für die Gestaltung von Berichten für das Top-Management. Im Extremfall heißt hier die Aufgabe nämlich nur noch »Unternehmensführung«. Dann können bei der Ermittlung des objektiven Informationsbedarfs zusätzlich verschiedene Faktoren als Orientierungshilfe herangezogen werden, die den Informationsbedarf beeinflussen.

Zwei wichtige, zunächst jedoch recht abstrakte Einflussfaktoren dafür, welche Informationen erforderlich beziehungsweise geeignet sind, sind die unternehmensinterne und -externe Dynamik und Komplexität:

– In einem *dynamischen Umfeld*, in dem die Produktlebenszyklen kurz sind und die Marktbedingungen sich schnell ändern, macht es zumeist wenig Sinn, Abweichungen zu Plan- und Vorjahresdaten zu analysieren. Hier sollten stattdessen verstärkt Daten zum Unternehmensumfeld, wie zum Beispiel Marktkennzahlen

oder Forecasts, berichtet werden. Diese weisen schneller auf die wegen der hohen Dynamik häufigen und schwerwiegenden Veränderungen hin.

– Der Faktor *Komplexität* beeinflusst vor allem den Umfang und den Detaillierungsgrad des Informationsbedarfs. Im Falle niedriger Komplexität – zum Beispiel bei der Herstellung eines einfachen Produktes – ist eine Konzentration auf wenige zentrale Steuerungsgrößen sinnvoll. Umgekehrt kann bei zahlreichen und sehr unterschiedlichen Produktsegmenten, also bei entsprechend höherer Komplexität, eine Versorgung mit detaillierten Informationen auch über dezentrale Unternehmensbereiche angebracht sein.

Darauf, wie die abstrakten Konzepte Komplexität und Dynamik konkretisiert und der Grad der Komplexität und Dynamik bestimmt werden können, wird später (bei der Beurteilung der in unser Benchmarking einbezogenen Monatsberichte) noch detailliert eingegangen. Genauso wird analysiert, inwieweit diese Faktoren bei der Gestaltung der betrachteten Berichte berücksichtigt wurden.

Damit kommen wir zum *subjektiven Informationsbedarf*. Der objektive Informationsbedarf ergibt sich allein aus den Aufgabenstellungen und ist damit von der Person des Informationsempfängers unabhängig. Der subjektive Informationsbedarf dagegen berücksichtigt die individuellen Fähigkeiten und Einstellungen der Informationsempfänger. Er kann im Wesentlichen mit der Informationsnachfrage gleichgesetzt werden.

Die *Fähigkeiten* des Informationsempfängers sind vor allem hinsichtlich seiner Erfahrung und seiner betriebswirtschaftlichen Kenntnisse zu berücksichtigen. Ein Bericht sollte seine Empfänger nach Möglichkeit auf beiden Feldern nicht überfordern. Umgekehrt besteht aber auch die Gefahr einer Unterforderung, wenn zu viel erklärt wird oder Selbstverständlichkeiten berichtet werden. Die *Einstellungen* beeinflussen die Auffassungen und Empfindungen eines Berichtsempfängers darüber, welche Informationen er für die Erfüllung seiner Aufgabe benötigt. Hier können beispielsweise seine Risikoneigung oder die Frage, ob er sich gerne an Zahlen orientiert oder ob er eher zahlenavers ist, eine Rolle spielen.

Auch die Art, wie Menschen Informationen aus Berichten aufnehmen, sollte berücksichtigt werden. Hieraus folgt zum einen, Berichte abwechslungsreich und ausgewogen zu gestalten. Es macht nun einmal wenig Freude, sich durch reine Zahlenwüsten und endlose Tabellen »zu kämpfen«. An welchen »Schrauben« hier gedreht werden kann, stellen wir noch vor. Zum anderen sollte aber auch beachtet werden, dass insbesondere Manager Berichte in der Regel nicht vollständig durcharbeiten, sondern sie eher querlesen (»scannen«). Damit die wesentlichen Berichtsinformationen auch beim Scannen ausfindig gemacht und aufgenommen werden können, gilt es daher, den Bericht auf seine Lesbarkeit – respektive auf seine »Scanbarkeit« – hin zu optimieren[1].

Der objektive und der subjektive Informationsbedarf sind in der Regel nicht deckungsgleich. Vielmehr ist davon auszugehen, dass Manager einige der objektiv erforderlichen Informationen nicht nachfragen und auf den Erhalt anderer – vielleicht nicht unbedingt erforderlicher – Informationen großen Wert legen. Damit ergibt sich das in Abbildung 2 gezeigte Bild.

Bevor wir auf mögliche Reaktionen auf ein solches Auseinanderfallen von objektivem und subjektivem Informationsbedarf eingehen, stellt sich die Frage, welcher Informationsbedarf denn nun im Berichtswesen Vorrang haben sollte – der objektive oder der subjektive? Grundsätzlich gilt, dass Berichte nur dann sinnvoll sind, wenn sie auch genutzt werden. Das bedeutet, dass der subjektive Informationsbedarf so weit wie möglich zu befriedigen ist. Controller sind hier in erster Linie unternehmensinterne Dienstleister, die ihre »Kunden« zufrieden stellen sollten beziehungsweise müssen. Dies schließt aber nicht aus, dass Controller auch ein Recht zum Vorschlag und zum Widerspruch haben!

Dieses Recht ist allerdings nicht selbstverständlich, sondern muss sich von Seiten der Controller auch im Berichtswesen erst verdient werden. Der Schlüssel hierfür liegt in einer erfolgreichen Interaktion zwischen den Controllern als Berichtsersteller und den Managern als Berichtsempfänger. Nur durch häufigen Austausch und aufmerksames Beobachten können die Controller lernen, den subjektiven und den objektiven Informationsbedarf der Manager einzuschätzen und einem möglichen Auseinanderfallen entgegenzuwirken. Nur so können sie ein Gespür dafür entwickeln, ob das Management gegebenenfalls andere Informationen benötigt, Unterstützung bei der Deu-

Ein »Querlesen« von Berichten sollte gezielt unterstützt werden

Controller müssen lernen, den Informationsbedarf »ihrer« Manager einzuschätzen

15

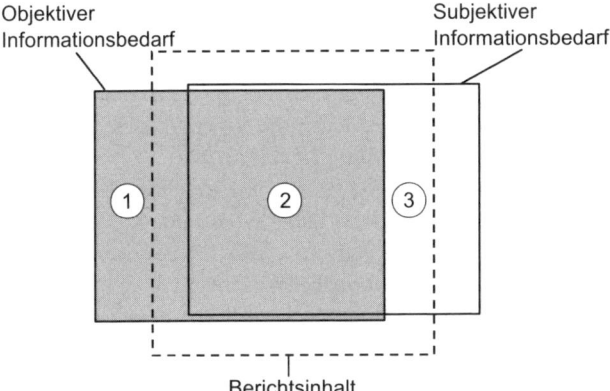

Objektiver Informationsbedarf

Subjektiver Informationsbedarf

Berichtsinhalt

(1) Für das Management hilfreiche, aber nicht nachgefragte Informationen.

(2) Sowohl objektiv als auch subjektiv benötigte Informationen.

(3) Nachgefragte Informationen, die objektiv nicht benötigt werden.

Abb. 2: Objektiver und subjektiver Informationsbedarf

tung der Berichtsinformationen erforderlich ist oder Informationen vielleicht gar nicht für die richtigen Zwecke verwendet werden.

Dabei sind aber nicht nur Gespür oder Einfühlungsvermögen gefragt. Vor allem systematische und strukturierte Kommunikation – beispielsweise in Form von Befragungen zu Informationswünschen oder als detaillierte Bewertungen bestehender Berichte durch die Berichtsempfänger – kann hier entscheidende und vor allem konkrete Hinweise für die Verbesserung des Berichtswesens liefern. Die so gewonnenen Erkenntnisse können zudem genutzt werden, um es den Managern schmackhaft zu machen, sich mit ihren Controllern über die Gestaltung des Berichtswesens auf Grundlage der Befragungsergebnisse auszutauschen. Wie eine solche Interaktion aussehen kann, wird schwer-

Interaktion mit den Berichtsempfängern ist der Schlüssel zum Erfolg

punktmäßig im Kapitel 5 behandelt, in dem wir Tipps und Ratschläge zur Verbesserung des Berichtswesens geben.

Fazit

Berichte bilden ein wesentliches Element in der Informationsversorgung von Unternehmen und sollten daher auch nicht unabhängig von der Informationsversorgung als Ganzes konzipiert werden. Ausgangspunkt für die Gestaltung des Berichtswesens ist der Informationsbedarf des Managements. Auf diesen Informationsbedarf gilt es, das Berichtswesen möglichst konsequent auszurichten. Hierzu bietet es sich an, die Verantwortung für das Berichtswesen bei den Controllern als zentrale Anlaufstelle im Unternehmen zu bündeln. Letzten Endes sollten die Verbesserungsbestrebungen im Berichts-

Warum? – Theoretischer Hintergrund
zu Berichtswesen und Berichten

wesen von dem Ziel einer Informationsversorgung »aus einer Hand« geleitet werden. Dass Manager, die eine Berichterstattung aus einer Hand erhalten, signifikant zufriedener sind, konnte übrigens auch empirisch bestätigt werden[2].

Neben der Frage, welche Informationen für die Aufgaben der Berichtsempfänger objektiv erforderlich sind, sollten bei der Gestaltung von Berichten auch die persönlichen Eigenschaften und die Situation der Berichtsempfänger berücksichtigt werden.

3 Wie? – Gestaltungsmöglichkeiten für Berichte

Berichtstypen

In einem ausdifferenzierten Berichtswesen können verschiedene *Berichts-*
typen zum Einsatz kommen:

– Weit verbreitet sind vor allem *Stan-*
  dardberichte, die regelmäßig zu
  einem festen Zeitpunkt für einen
  bestimmten Adressatenkreis erstellt
  werden. Zudem ist auch der Inhalt
  von Standardberichten weitest-
  gehend normiert. Die im Rahmen
  unserer Benchmarking-Studie untersuchten Berichte (vgl. Kapitel 4) sind
  allesamt unter diesem Berichtstyp
  einzuordnen.
– *Abweichungsberichte* folgen keinem
  vorgegebenen Berichtszyklus. Stattdessen wird ihre Erstellung durch die
  Über- beziehungsweise Unterschrei-
  tung bestimmter Schwellenwerte
  ausgelöst. Ein Beispiel hierfür ist ein
  Filial-Bericht, der dem Management
  nur bei einer Verfehlung des
  Umsatzziels der Filiale um 10 Prozent und mehr zugeht. Abweichungsberichte folgen der Logik
  eines Management by Exception,
  dem zufolge das Management seine
  Aufmerksamkeit vor allem auf Aus-
  nahmetatbestände richten sollte.
  Eine entscheidende Rolle spielt bei

Bedarfsberichten die Auswahl und
Justierung des Schwellenwertes.
Schließlich soll das Management
einerseits möglichst nur bei Bedarf
informiert werden, andererseits aber
auch nicht erst dann, wenn das
»Kind schon in den Brunnen gefallen
ist«.
– Einen dritten Berichtstyp bilden die
  Bedarfsberichte. Ihre Erstellung wird
  vom Management fallweise angeord-
  net. Ihr Inhalt ist dabei meist auf
  eine spezifische Problemstellung
  bezogen. Je nach Situation und Ausrichtung des Berichtssystems können
  die Anzahl von Bedarfsberichten und
  der Rhythmus, in dem sie angefor-
  dert werden, stark schwanken.

Durch einen verstärkten Einsatz von
EDV-gestützten Informationssystemen
verschwimmen die Grenzen zwischen
den aufgeführten Berichtstypen allerdings zusehends: So ermöglichen es
computerbasierte Berichtssysteme dem
Benutzer, sich seinen persönlichen Bericht zusammenzustellen oder bei Bedarf weitergehende Informationen ab-
zurufen (so genannte »Drill-Down-
Funktionalität«).

In der Praxis sind solche Systeme
beim Management allerdings noch

nicht sonderlich beliebt. Dies liegt zum einen in der etwas umständlich zu bedienenden Technik begründet. Zum anderen ist es bei modernen Informationssystemen aufgrund ihrer Datenfülle und ihrer meistens mehrdimensionalen Datenstruktur kompliziert, die richtigen Informationen herauszufiltern und abzufragen. Um ein Ergebnis des Benchmarking vorwegzunehmen: Alle einbezogenen Unternehmen lieferten auch ausgedruckte Berichte an den Vorstand und nur in einem Unternehmen hatte der Vorstand Zugriff auf ein EDV-Tool für eine Abfrage von maßgeschneiderten Berichtsinformationen!

Insbesondere Bedarfsberichte können und sollten möglichst spezifisch am objektiven und subjektiven Informationsbedarf der Berichtsempfänger ausgerichtet werden. Bei Bedarfsberichten ist sowohl der objektive Informationsbedarf in den meisten Fällen spezifischer als auch der Adressatenkreis zumeist deutlich kleiner als bei Standard- und Abweichungsberichten.

In der Praxis kommt vor allem Standardberichten – insbesondere dem vom Controlling an das Top-Management gelieferten Monatsbericht – eine große Bedeutung zu. Bei ihnen sind einer Ausrichtung auf den Informationsbedarf der Adressaten Grenzen gesetzt, weil sie einen größeren Adressatenkreis zu bedienen haben und Berichtsinhalt und Berichtsgestaltung zudem weitgehend standardisiert sind. Somit bietet dieser Berichtstyp zwar den Vorteil, dass er eine kostengünstige Informationsversorgung unterstützen kann; eine maßgeschneiderte Informationsversorgung ist durch Standardberichte jedoch nur begrenzt möglich. Daher gilt es bei ihrem Einsatz besonders darauf zu achten, dass der Informationsbedarf ihres Adressatenkreises nicht zu heterogen ist.

Dieser Aspekt wird in der Praxis aber allzu häufig vernachlässigt; Adressaten mit divergierenden Informationsbedürfnissen erhalten denselben Standardbericht. Damit tut sich das Controlling jedoch in der Regel keinen Gefallen! Welche Konsequenzen aus einem solchen Vorgehen erwachsen können, soll anhand eines Praxisbeispiels veranschaulicht werden: Ausgangspunkt ist die Aufnahme der Abteilung Investor Relations in den Verteilerkreis für den Monatsbericht an den Vorstand. Ziel dieser Aktion war es, »alle auf den gleichen Stand zu bringen«. Schnell stellte sich aber heraus, dass die Abteilung Investor Relations viel detailliertere Informationen als der Vorstand benötigte. Dies führte dazu, dass der ursprünglich als schlanke und schnelle Übersicht für den Vorstand gedachte Bericht immer weiter anwuchs. Dies erfolgte nicht als unmittelbare, direkte Reaktion auf die zusätzlichen Bedürfnisse der Investor-Relations-Abteilung. Vielmehr wurde mit der Zeit »hier und da« ein »wichtiges« Detail ergänzt, weil es »auf die eine Seite ja dann auch nicht ankommt«. An ein Streichen von Informationen war – wie üblich – ohnehin nicht zu denken. Am Ende lag ein Bericht auf dem Tisch, der weder »Fisch noch Fleisch« war und letztlich niemanden richtig zufrieden stellte. Das Controlling konnte es dabei keiner Seite mehr recht machen und hatte sich so selbst in die Zwickmühle gebracht.

Für die Bestimmung, in welchen Bereichen welche Standardberichte einge-

Computerbasierte Berichtssysteme werden in der Praxis kaum eingesetzt

Standardberichte sollten auf Gruppen mit gleichem Informationsbedarf zielen

setzt werden sollten, bietet sich daher eine Unterteilung der Berichtsempfänger nach ihren grundlegenden Informationsbedürfnissen an. Aus diesen Überlegungen können anschließend »Zielgruppen« für das Berichtswesen definiert werden, deren Mitglieder einen ähnlichen objektiven und subjektiven Informationsbedarf haben. Die laufenden Informationsbedürfnisse solcher homogener Zielgruppen können dann sinnvoll mit Hilfe von Standardberichten befriedigt werden.

Berichtszwecke

Wesentlichen Einfluss auf die Gestaltung von Berichten sollte auch der *Berichtszweck* nehmen. Dies klingt trivial. Hier entsteht in der Praxis jedoch häufig ein Problem: Gerade Standardberichte sollen möglichst viel, wenn nicht gar alles auf einmal leisten. Doch so etwas wie eine »Eier legende Woll-Milch-Sau« existiert nun einmal auch im Berichtswesen nicht! Bei einer Betrachtung der wichtigsten Berichtszwecke wird schnell klar, dass nicht alle Zwecke mit einem einzigen Bericht sinnvoll verfolgt werden können:

– Ein wichtiger Berichtszweck, insbesondere von Standardberichten, liegt in der *Information* der Berichtsempfänger. Hierunter kann insbesondere die Versorgung der Berichtsadressaten mit dem bereits angesprochenen »Basiswissen« über den Geschäftsverlauf gefasst werden.
– Ein zweiter wesentlicher Berichtszweck ist die *Planung*. Dabei werden die Berichtsinformationen zur Vorbereitung von Entscheidungen verwendet. So kann zum Beispiel eine Vorschau auf die Wareneingänge von Vorprodukten dazu verwendet werden, die Endfertigung zu planen.
– Berichte werden außerdem häufig zu Zwecken der *Kontrolle* verwendet. Klassisches Beispiel ist hier der regelmäßige Kostenstellenbericht, der Auskunft über die Einhaltung des Kostenbudgets gibt.
– Ein weiterer Berichtszweck liegt in der *Steuerung*. So können zum Beispiel Informationen über eine Abnahme der Kundenzufriedenheit und ihrer Determinanten die Einleitung von Gegenmaßnahmen veranlassen.
– Der Bedarf zur *Dokumentation* mit Hilfe von Berichten folgt im Kern aus den Regelungen des externen Rechnungswesens und des Gesetzes zur Kontrolle und Transparenz im Unternehmensbereich (KonTraG). In diesen Vorschriften werden gewisse Informationen festgelegt, die an die Unternehmensführung berichtet werden müssen. Zudem beinhalten sie Aufbewahrungspflichten und -fristen für bestimmte Finanz- und Bilanzdaten.

Aus den unterschiedlichen Berichtszwecken ergeben sich unterschiedliche Anforderungen an die Berichtsgestaltung. So sollte ein für Dokumentationszwecke erstellter Bericht möglichst exakt und umfassend die zu dokumentierenden Sachverhalte darstellen. Für Steuerungszwecke hingegen gilt es, die zentralen Steuerungsgrößen möglichst übersichtlich aufzuführen, wobei ein besonderes Augenmerk darauf zu legen ist, aktuelle und zukunftsbezogene Infor-

Mit einem Bericht sollten nicht zu viele Zwecke gleichzeitig verfolgt werden

21

Exkurs Informations-Nutzungsarten:

Informationen können von ihren Empfängern auf unterschiedliche Art und Weise genutzt werden. Eine gute Möglichkeit, die verschiedenen Arten der Informationsnutzung durch Manager zu unterscheiden, ist die folgende von *Menon/ Varadarajan* zusammengestellte Differenzierung[1]:

Instrumentelle Nutzung: Hier werden Informationen direkt für das Treffen von Entscheidungen verwendet. Sie lösen damit unmittelbar Handlungen der Manager aus. In der Literatur zum betrieblichen Rechnungswesen und Controlling wird fast durchgängig eine instrumentelle Nutzung von Informationen durch ihre Empfänger unterstellt. Eine instrumentelle Nutzung von Berichtsinformationen entspricht vor allem dem Berichtszweck der Planung und einem (engen) Verständnis des Berichtszwecks Steuerung.

Konzeptionelle Nutzung: Werden Informationen konzeptionell genutzt, so beeinflussen sie das Verständnis und die Sicht von Situationen und Zusammenhängen durch den Informationsnutzer. Eine konzeptionelle Nutzung führt dabei nicht unmittelbar zu Entscheidungen; sie beeinflusst vielmehr die Sicht des Managers auf Sachverhalte und Zusammenhänge. Die konzeptionelle Nutzung von Berichtsinformationen entspricht somit einer Veränderung des Geschäftsverständnisses der Berichtsnutzer und ist daher auf den Berichtszweck Information und ein (weites) Verständnis des Berichtszwecks Steuerung gerichtet.

Symbolische Nutzung: Symbolisch genutzte Informationen dienen den Informationsnutzern zur Rechtfertigung und Durchsetzung bereits getroffener Entscheidungen oder zur Beeinflussung anderer Personen. Eine symbolische Nutzung von Berichtsinformationen liegt beispielsweise dann vor, wenn ein Manager aus einem Bericht gezielt die Informationen herauspickt, die ihm helfen, eine von ihm beschlossene Expansion in einem Markt zu begründen. Die symbolische Nutzung von Berichtsinformationen ist am ehesten mit dem Berichtszweck Kontrolle kompatibel. Für eine symbolische Nutzung sind zudem detaillierte Berichte, wie sie für Zwecke der Planung und Dokumentation erstellt werden, gut geeignet. Sie erlauben es, genau die Einzelinformationen herauszufiltern, die die jeweils gewünschte Tendenz aufzeigen.

Noch gibt es wenig empirische Erkenntnisse darüber, wie Manager Controlling-Informationen nutzen. Bisherige Studien zeigen jedoch, dass Manager Informationen auf jede der oben angeführten Weisen verwenden[2]. Dabei überwiegt übrigens keineswegs die instrumentelle Nutzung! Zudem zeigt sich, dass besonders die konzeptionelle Nutzung von Controlling-Informationen, also quasi eine Verwendung als betriebswirtschaftliche Sprache, sich am positivsten auf den Unternehmenserfolg auswirkt. Diese betriebswirtschaftliche Sprache sollte jedoch möglichst einfach sein, um von vielen verstanden und genutzt werden zu können. Eine Ausrichtung der Controlling-Informationen auf eine rein instrumentelle Nutzung erfordert eine viel höhere Detaillierung und Komplexität. Wenn dies übertrieben wird, können durchaus Gefahren für den Unternehmenserfolg drohen!

mationen zu liefern. Als weiterer Hintergrund für den Zusammenhang zwischen Berichtszweck und Berichtsgestaltung kann die im Exkurs dargestellte Unterscheidung verschiedener Arten der Informationsnutzung dienen. Insgesamt liegt in einer konsequenten und möglichst klaren Festlegung des Berichtszwecks ein Grundbaustein für ein erfolgreiches internes Reporting.

Berichtsinhalt

Der *Berichtsinhalt* als wichtige Gestaltungsdimension von Berichten lässt sich anhand der Aspekte Informationsstruktur, Informationsgegenstand, Informationsart und Informationsbezug charakterisieren.

Die *Strukturierung der Informationen* beginnt – ausgenommen sind sehr kurze oder »One-Page-Only«-Berichte – bei der Entscheidung, ob dem Bericht ein Inhaltsverzeichnis vorangestellt wird oder nicht. Je nach Umfang und Adressatenkreis kann auch eine Zusammenfassung, in der die wesentlichen Informationen stark verdichtet dargestellt werden, sinnvoll sein. Für die weitere Gliederung des Berichts bietet sich eine »Trichterstruktur« an, das heißt eine Reihenfolge der Informationen von allgemeineren hin zu spezielleren Aspekten. Eine solche Struktur lässt sich beispielsweise durch eine Trennung in Überblick- und Detailinformationen in die Tat umsetzen. Bezogen auf einen Konzernmonatsbericht bietet es sich zum Beispiel an, zunächst die die Konzernebene betreffenden Informationen anzugeben und dann im Anschluss die einzelnen Geschäftsbereiche zu betrachten. Oberstes Gebot ist dabei, dass die

Struktur für den Leser klar erkennbar und intuitiv verständlich ist. Dies wird nicht nur durch eine klare Strukturierung, sondern auch durch ein Beibehalten der Berichtsstruktur über einen gewissen Zeitraum verbessert.

Die in einem Bericht erfassten Tatbestände werden als *Informationsgegenstände* bezeichnet. Hierzu zählen zum Beispiel Unternehmenseinheiten oder Umweltausschnitte. Als besonders »griffige« Differenzierung der Informationen bieten sich die Dimensionen der Balanced Scorecard an. Dies entspricht einer Unterteilung der Berichtsinformationen in Finanz-, Prozess-, Markt-/Kunden-, Mitarbeiter- und Innovationskennzahlen. Gleichzeitig mit dieser Kategorisierung kann auch eine Trennung in monetäre (Finanzkennzahlen) und nicht-monetäre (die übrigen Kategorien der Balanced Scorecard) Kennzahlen erfolgen.

Gerade die Finanzkennzahlen bilden – wie auch die Ergebnisse unseres Benchmarking zeigen – einen Schwerpunkt der Berichterstattung an das Top-Management. Hier ist jedoch Vorsicht angebracht, denn monetäre Kennzahlen erfassen nur einen Teil der führungsrelevanten Informationen. Dies gilt insbesondere in Situationen hoher Komplexität und Dynamik. In diesen Fällen sind Mengendaten, speziell aber Qualitätswerte und Zeiten sowie Daten aus dem Unternehmensumfeld von besonderer Bedeutung.

Anhand der *Informationsart* lassen sich Berichtsdaten sehr generell nach ihrem »Charakter« unterscheiden, das heißt danach, wie die Informationsgegenstände beschrieben werden. Denkbar sind hier zum Beispiel faktische, er-

Eine klare Berichtsstruktur bildet das Grundgerüst

Zur Differenzierung von Kennzahlen bietet sich die Logik der Balanced Scorecard an

klärende, normative sowie prognostische Aussagen. So werden im Vorfeld der Erstellung eines guten Berichts zunächst relevante Fakten aufgespürt. Diese müssen dann dargelegt (faktisch), gegebenenfalls erklärt oder in Beziehung zu anderen Daten gesetzt werden, um auf dieser Basis zu einer Wertung (normativ) zu gelangen und eventuell Prognosen (prognostisch) treffen zu können.

Zahlen benötigen aussagekräftige Vergleichswerte

Neben der Art der berichteten Informationen ist auch der *Informationsbezug* entscheidend. Erst wenn Daten zueinander in Beziehung gesetzt, das heißt relativiert werden, ergeben sich Abweichungen, deren Analyse steuerungsrelevante Erkenntnisse liefern kann. Als typische Bezugsgrößen finden sich Vergangenheits-, Plan- oder Prognosewerte. Aber nicht nur auf der Zeitachse lassen sich Verbindungen herstellen. Auch auf sachlicher Ebene können sinnvolle Bezüge oftmals erst zu sinnvollen Interpretationen führen. So kann beispielsweise das allgemeine Marktwachstum in einem Land die Interpretation des eigenen Umsatzes dort in ein neues Licht rücken. Auch externe Informationen wie Wettbewerbsdaten, aber auch interne Benchmarks bestimmter Größen – zum Beispiel zwischen Abteilungen oder Geschäftseinheiten – können für die Analyse der fokussierten Daten dienlich sein.

Viele Gründe sprechen für eine Begrenzung des Berichtsumfangs

Berichtsform

Neben dem Inhalt ist auch die Form eines Berichts ein wesentliches Element zur Berichtsgestaltung. Die *Berichtsform* bezeichnet die vom Berichtsinhalt weitgehend unabhängigen Gestaltungsmerkmale. Hierzu zählen der Umfang, die Form, in der die Informationen dargestellt werden, sowie die grundsätzliche »Aufmachung« des Berichts.

Bei der Festlegung des *Umfangs* besteht ein Spannungsfeld zwischen umfassender Information des Managements einerseits und einer Fokussierung der Aufmerksamkeit auf das Wesentliche andererseits. Je nach Ziel des Berichts (Kurzinformation oder Nachschlagewerk) kann der Berichtsumfang erheblich schwanken – konkrete Zahlen werden wir im nächsten Kapitel bei den Ergebnissen unseres Benchmarking nennen. Der Berichtsumfang wird zudem durch die Zahlendichte beeinflusst, also dadurch, wie viele Zahlen pro Seite berichtet werden. Insgesamt lässt sich festhalten, dass sowohl mit steigender Seitenanzahl als auch mit hoher Zahlendichte die Übersichtlichkeit sinkt und die Gefahr einer Überflutung der Berichtsempfänger mit Informationen zunimmt. Eine hohe Datenfülle erschwert zudem eine konzeptionelle Nutzung der berichteten Informationen. Die Verwendung der Berichtsinformationen als gemeinsame Wissensbasis und Diskussionsgrundlage ist spätestens dann nicht mehr möglich, wenn jeder Berichtsempfänger nur unterschiedliche Informations-Bruchstücke aus dem Bericht im Gedächtnis hat. Zugleich erhöht sich mit steigendem Berichtsumfang die Gefahr, dass die Berichtsinformationen lediglich symbolisch genutzt werden. Da nicht mehr alle Informationen überblickt werden können, kann sich ein Manager genau die Zahlen herauspicken, die ihm am dienlichsten sind.

Weitere Spielräume bestehen bei der Wahl der *Darstellungsform* für die zu

Wie? – Gestaltungsmöglichkeiten für Berichte

übermittelnden Informationen. Die Darstellungsform hat einen wesentlichen Einfluss auf die Verständlichkeit und Akzeptanz der Berichte. Unterschieden werden können hierbei Tabellen, Grafiken und Kommentare. *Tabellen* ermöglichen die Wiedergabe einer größeren Menge an Daten und sind besonders gut für die Darstellung von Datenreihen geeignet. Sie erwecken jedoch schnell den Eindruck eines »Zahlenfriedhofs« und schrecken den Leser ab. In diesem Kontext sind *Grafiken* gut geeignet, um Zahlenkolonnen Leben einzuhauchen und die enthaltenen Aussagen auf einen Blick erfassbar zu machen. Sie übertreffen tabellarische Darstellungen in den meisten Fällen an Aussagekraft. Dabei muss jedoch beachtet werden, dass der gewählte Diagrammtyp (zum Beispiel Säulen-, Linien-, Torten- oder Wasserfalldiagramme) den Sachzusammenhang auch bestmöglich reflektiert[3].

Zudem kann es sinnvoll sein, wichtige und außergewöhnliche Sachverhalte oder Erkenntnisse »auf den Punkt zu bringen«. Dann ist der Einsatz von *Kommentierungen* sinnvoll. Wichtig ist hierbei eine klare und verständliche Sprache. Kommentierungen sollten darüber hinaus flexibel gehandhabt werden. Zu viele und zu ausführliche Kommentare verlängern den Bericht unnötig und werden beim Querlesen von den Adressaten nicht erfasst. Kommentare sollten insbesondere zur Hervorhebung von Inhalten eingesetzt werden. Auch für die Erklärung und Wertung von Sachverhalten sind Kommentierungen meistens unverzichtbar.

Zur *Aufmachung* von Berichten zählt unter anderem der Einsatz von Farbe oder das Layout des Berichtes. Zur Steuerung der Aufmerksamkeit des Managements dürfen die Berichtsersteller hier – auch wenn die Sachverhalte grundsätzlich nüchtern und sachlich darzulegen sind – die »Stimulanz« nicht vergessen. Dazu zählt zum einen eine Darstellungsweise, die den Bericht interessant macht. Zum anderen können durch die Aufmachung des Berichtes vor allem die Lesbarkeit und die bereits angesprochene Scanbarkeit des Berichtes verbessert werden. Generell gilt auch grafisch die Devise: Einfach geht vor komplex – grafische »Spielereien« sind der schnellen Informationsaufnahme eher hinderlich[4]. Grundsätzlich ist es für einen Bericht mit regelmäßiger Reportingfrequenz empfehlenswert, bewährte Gestaltungsformen beizubehalten beziehungsweise konsistent zu verwenden. Zudem hilft ein einheitliches Layout aller Controller-Berichte, das Berichtswesen übersichtlich zu halten.

Berichtstermin

Bezogen auf die zeitlichen Gestaltungsmerkmale ist als Erstes die Frage des Berichtszyklus – also des zeitlichen Abstands, in dem die Berichterstattung erfolgt – angesprochen. Bei der Entscheidung über den Berichtszyklus muss die mit einer zunehmenden Berichtsfrequenz steigende Aktualität der Informationen gegen die Gefahr einer Informationsüberflutung der Manager und den erhöhten Arbeitsaufwand für die Controller abgewogen werden. Ein weiterer wichtiger Aspekt ist das Erscheinungsdatum des Berichtes. Auf den Monatsbericht bezogen geht es also darum, wie viele Tage nach Monatsultimo der Vorstand den Bericht in den

Die Darstellungsform sollte sich am Inhalt orientieren

Händen hält. Hier gilt die Faustregel »je schneller, desto besser«.

Fazit

Für die Gestaltung von Berichten existieren zahlreiche Möglichkeiten. Besonderes Augenmerk ist vor allem darauf zu richten, dass Berichtsinhalt und -gestaltung aufeinander abgestimmt und am Berichtszweck ausgerichtet sind. Standardberichte sollten zudem bestimmte Zielgruppen im Unternehmen fokussieren, die einen ähnlichen Informationsbedarf besitzen und die Informationen des Berichtes als gemeinsame Wissensbasis und Diskussionsgrundlage nutzen können. Hierfür dürfen die Berichte jedoch nicht zu umfangreich oder komplex sein.

Durch die Ausrichtung des Berichtswesens am Informationsbedarf der Berichtsempfänger und an der Situation des Unternehmens gibt es so etwas wie den einen »idealen« Bericht nicht. Auch unser im nächsten Kapitel folgendes Benchmarking wird zeigen, dass das Berichtswesen sehr unterschiedlich ausgestaltet werden kann.

4 Ergebnisse der Benchmarking-Studie

Zielsetzung und Ablauf

Ein wesentliches Anliegen der Schriftenreihe *Advanced Controlling* ist es, einen engen Bezug zur Unternehmenspraxis herzustellen. Ein Ausdruck dieser praxisnahen Forschung sind die zu verschiedenen Themen durchgeführten Benchmarking-Studien wie zum Beispiel »Controller Excellence« in Band 23/24, »Wertorientierte Unternehmensführung« in Band 27/28 und jüngst zur »Mittelfristplanung« in Band 35/36. Alle Studien wurden im Rahmen des Center for Controlling and Management (CCM) an der Wissenschaftlichen Hochschule für Unternehmensführung (WHU) in Vallendar durchgeführt. Details über die Konzeption des CCM, seine Ziele und sein Umfeld können Sie am Ende dieses Bandes dem Anhang »In eigener Sache« entnehmen.

Zielsetzung

Ziel unseres Benchmarking-Projektes war es, zunächst einen Überblick über die praktische Ausgestaltung des Berichtswesens zu erhalten. Diese Übersicht sollte es den beteiligten Unternehmen zum einen ermöglichen, die eigene Berichtspraxis mit der in den anderen Unternehmen zu vergleichen und Anregungen für mögliche Verbesserungen zu gewinnen. Zum anderen sollte sie dazu dienen, die Ausgestaltung und die Abläufe im Berichtswesen kritisch zu hinterfragen und einen Dialog zu diesen Themen in Gang zu bringen. Zusätzlich wurde von uns eine theoretische Perspektive auf das Thema eingebracht, die den Rahmen für die Analyse bildete. So konnte das Berichtswesen unter theoretischen Gesichtspunkten untersucht und gleichzeitig die Praxis als Prüfstein für die theoretisch abgeleiteten Ergebnisse genutzt werden. Um relevante und vergleichbare Benchmarking-Ergebnisse zu erhalten, wurde pro Unternehmen jeweils ein interner Bericht als Benchmarking-Objekt ausgewählt. Sechs der sieben Unternehmen wählten den Monatsbericht, ein Unternehmen den internen Quartalsbericht aus. Der Haupt-Adressat der Berichte war immer das Top-Management auf Konzernebene, sprich der Konzernvorstand.

Um allen Aspekten des Berichtswesens gerecht zu werden, bestand die Benchmarking-Studie aus zwei Teilen: Im ersten Teil wurden die einzelnen »Produkte« (die Berichte) miteinander verglichen. Im zweiten Teil folgte eine

Die Studie gibt einen Überblick über das Berichtswesen in der Praxis

Erhebung und Analyse der Erstellungsprozesse dieser Berichte.

Ablauf

Die Abbildung 3 zeigt den Ablauf der Benchmarking-Studie im Überblick. Zu Beginn der Studie wurden von allen Unternehmen die zu untersuchenden Berichte für die Analyse zur Verfügung gestellt. Diese Berichte waren aus Gründen der Vertraulichkeit »leer«, das heißt, sie enthielten keine Zahlen. Dies behinderte allerdings die Einschätzung der Berichtsinhalte nicht. Anschließend wurden anhand von Fragebögen und in Interviews die Entstehungsprozesse und die Einschätzungen der Berichtsersteller zu ihrem Bericht erfasst. In einer zweiten Interview- und Fragebogenrunde haben wir schließlich die Berichtsempfänger nach ihrer Einschätzung zum jeweiligen Bericht befragt.

Die dabei gewonnenen Ergebnisse wurden zunächst den operativ für die Berichtserstellung verantwortlichen Mitarbeitern der Unternehmen präsentiert und mit denselben diskutiert. Abschließend wurden die Benchmarking-Ergebnisse den Controlling-Leitern der Unternehmen vorgestellt.

Die beteiligten Unternehmen

Bei den am Benchmarking beteiligten sieben Unternehmen handelt es sich um weltweit agierende Konzerne, die ihren Hauptsitz in Deutschland haben. Alle besitzen führende Stellungen in ihren jeweiligen Märkten. Zur Wahrung der Anonymität der Unternehmen werden sie im Folgenden von uns mit den Großbuchstaben A bis G belegt. Um sie besser zu charakterisieren, haben wir sie relativ zueinander hinsichtlich ihrer Dynamik und Komplexität eingruppiert. Somit besteht die Möglichkeit, Verbindungen zwischen dem Umfeld und der Ausprägung des Berichtswesens herzustellen.

Unter Dynamik wird dabei das Ausmaß der Veränderungen von Faktoren verstanden, die eine hohe Relevanz für ein Unternehmen besitzen. Hierzu zählen die Häufigkeit von Veränderungen dieser Faktoren, das Ausmaß der jeweili-

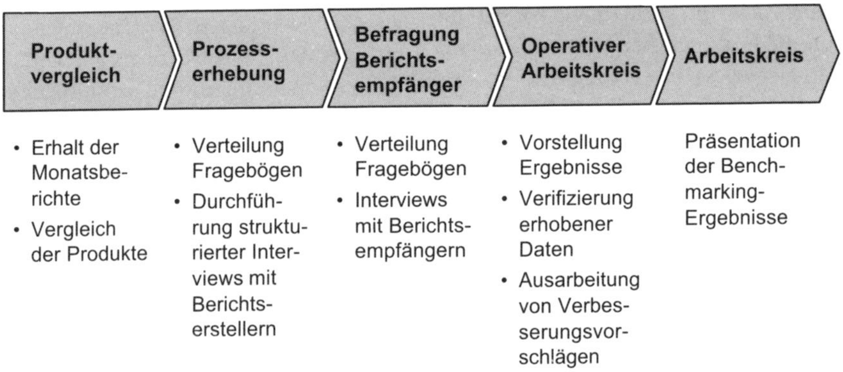

Eine Befragung der Berichtsersteller und der Berichtsempfänger bildet die Grundlage der Studie

Produkt-vergleich	Prozess-erhebung	Befragung Berichts-empfänger	Operativer Arbeitskreis	Arbeitskreis
• Erhalt der Monatsberichte • Vergleich der Produkte	• Verteilung Fragebögen • Durchführung strukturierter Interviews mit Berichtserstellern	• Verteilung Fragebögen • Interviews mit Berichtsempfängern	• Vorstellung Ergebnisse • Verifizierung erhobener Daten • Ausarbeitung von Verbesserungsvorschlägen	Präsentation der Benchmarking-Ergebnisse

Abb. 3: Ablauf der Benchmarking-Studie

Ergebnisse der Benchmarking-Studie

gen Veränderungen und die Regelhaftigkeit der Veränderungsprozesse. Unter Komplexität verstehen wir mit Schreyögg »das Ausmaß der Vielgestaltigkeit und der Unübersichtlichkeit der Umwelt«.[1] Dabei wird auch die Komplexität der unternehmensinternen Umwelt, also zum Beispiel die Anzahl der organisatorischen Einheiten, mit in die Betrachtung einbezogen.

Dynamik

Zur Abschätzung der *Dynamik* wurde der Beta-Faktor der Aktien der einzelnen Unternehmen herangezogen. Der Beta-Faktor erfasst, wie stark die Aktie eines Unternehmens mit dem Markt (hier mit dem DAX) schwankt. Ein Beta-Faktor von zwei bedeutet beispielsweise, dass der Kurs einer Aktie doppelt so stark schwankt wie der Gesamtmarkt. Aktien mit einem Beta-Faktor kleiner eins sind entsprechend geringeren Kursschwan-

kungen ausgesetzt als der Gesamtmarkt. Der Beta-Faktor ist damit ein guter Indikator dafür, in welchem Ausmaß ein Unternehmen mit Veränderungen konfrontiert ist. Er lässt sich zudem leicht und objektiv ermitteln.

Komplexität

Komplexität wurde in einer technologischen und einer marktlichen Ausprägung berücksichtigt. Zur besseren Objektivierung der Einschätzungen haben wir diese beiden Aspekte noch einmal in jeweils zwei Unterkriterien aufgegliedert: das Kriterium der technologischen Komplexität in die Unterkriterien Unterschiedlichkeit des Leistungsprogramms und Fertigungskomplexität sowie das Kriterium der Marktkomplexität in die Unterkriterien Anzahl und Unterschiedlichkeit der Marktsegmente.

Das Ergebnis der Eingruppierung kann Abbildung 4 entnommen werden.

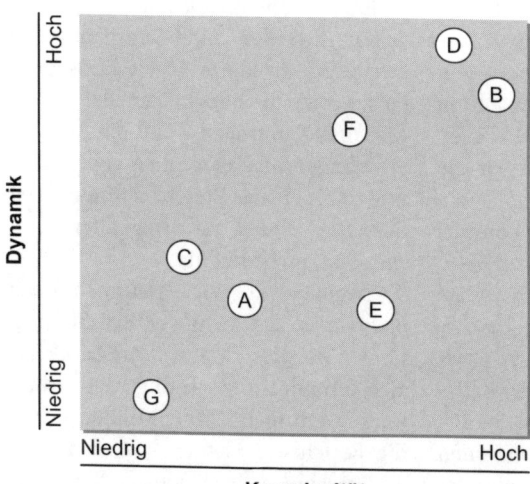

Abb. 4: Einordnung der Unternehmen hinsichtlich Dynamik und Komplexität

Es zeigt sich, dass bei den untersuchten Unternehmen meist eine hohe beziehungsweise niedrige Komplexität mit einer hohen beziehungsweise niedrigen Dynamik zusammenfällt. Die Einschätzung der relativen Dynamik und Komplexität der Unternehmen werden wir im Weiteren als Rahmen zur Analyse der Berichtsmerkmale verwenden.

Analyse der Monatsberichte

Vorgehen

Im Folgenden widmen wir uns zunächst der Analyse der Berichtsgestaltung. Anschließend werden die einzelnen Erstellungsprozesse näher unter die Lupe genommen.

Wie am Ende von Kapitel 3 schon festgestellt, existiert für die Gestaltung von Berichten kein Königsweg. Vielmehr sollte die Berichtsgestaltung von der jeweiligen Unternehmenssituation und dem daraus resultierenden objektiven und subjektiven Informationsbedarf der Berichtsempfänger abhängen. Aus diesem Grund gehen wir beim Vergleich der Berichte und der Ableitung von Verbesserungsvorschlägen zweigleisig vor: Zum einen betrachten wir die jeweilige Unternehmenssituation, abstrakt durch die Dynamik und Komplexität des Unternehmens charakterisiert, und analysieren, inwieweit der jeweilige Bericht für diesen Kontext geeignet erscheint. Zum anderen untersuchen wir die Berichte auf Basis unserer Befragung der Berichtsersteller und der Berichtsempfänger. In den Unternehmen B, C, D und F – und damit in vier der sieben Unternehmen – konnten wir die Einschätzungen der Berichtsempfänger

Die Analyse der Empfängermeinungen ist von besonderer Bedeutung!

erheben. Dabei lagen uns die Einschätzungen von mindestens drei und maximal dreizehn Managern vor.

Im Rahmen unserer Analyse gehen wir nacheinander die einzelnen Gestaltungsmerkmale der Berichte durch. Dabei arbeiten wir uns »von außen nach innen« vor: Wir starten mit der Berichtsform und analysieren dann den Berichtsinhalt. Für jedes Gestaltungsmerkmal wird dabei zunächst dargestellt, wie es in den verschiedenen Berichten ausgeprägt ist. Dann wird untersucht, inwieweit das jeweilige Element der Berichtsgestaltung an die verschiedenen Unternehmenssituationen (im Hinblick auf Komplexität und Dynamik) angepasst ist. Schließlich wird die Sicht der Berichtsempfänger auf das jeweilige Gestaltungsmerkmal gezeigt und diskutiert.

Bei der Analyse der Einschätzungen des Berichtes durch die Berichtsersteller und -empfänger greifen wir auf zwei Instrumente zurück:

Erstens die *Abweichungsanalyse* zwischen Ersteller- und Empfängereinschätzung: Ist diese Abweichung groß, so bewerten die Berichtsersteller – in der Mehrheit Controller – und die Berichtsempfänger (Manager) die Ausgestaltung und die Ziele des Berichtes unterschiedlich. Dies deutet auf dringenden Kommunikationsbedarf hin.

Zweitens die *Wichtigkeits-/Zufriedenheitsmatrix* aus Sicht der Berichtsempfänger: Bei dieser Darstellung handelt es sich um ein im Marketing weit verbreitetes Instrument.[2] Die Kunden – hier die Berichtsempfänger – werden dabei zu verschiedenen Eigenschaften eines Produktes – hier des Monatsberichts – befragt. Sie sollen jeweils ihre Zufriedenheit mit einer Produkteigenschaft und die Wichtigkeit dieser Eigenschaft für die Gesamtbeurteilung des Produktes angeben. Die Aussagen der Kunden werden anschließend in eine Matrix übertragen. Dabei werden die Wichtigkeit auf der horizontalen und die Zufriedenheit auf der vertikalen Achse abgebildet. Aus der Hypothese, dass die wichtigsten Qualitätsmerkmale eines Produktes auch am besten erfüllt werden sollten, folgt, dass im Idealfall alle in der Wichtigkeits-/Zufriedenheitsmatrix eingetragenen Punkte auf oder über der vom Ursprung des Koordinatensystems ausgehenden Winkelhalbierenden liegen sollten. Dieser Zusammenhang wird in Abbildung 5 veranschaulicht. Sämtliche Kriterien, die oberhalb der Winkelhalbierenden liegen – wie Punkt 1 – können damit als unkritisch für den Produkterfolg angesehen werden. Angesichts ihrer Wichtigkeit ist die Zufriedenheit der Kunden mit diesen Produktmerkmalen ausreichend. Genau das Gegenteil gilt für die Punkte unterhalb der Winkelhalbierenden. Hier ist die erreichte Zufriedenheit angesichts der Wichtigkeit des Merkmals nicht ausreichend. Je weiter ein Punkt hier von der Winkelhalbierenden entfernt ist, umso kritischer wird dieser Aspekt von den Empfängern bewertet und umso dringender sollte er bearbeitet werden. Deshalb sollten bei großem Abstand von der Diagonalen – wie im Fall von Punkt 3 – dringend Maßnahmen ergriffen werden. Punkte nahe der Winkelhalbierenden – wie Punkt 2 – sollten ebenfalls verbessert werden, allerdings herrscht hier keine hohe Dringlichkeit.

Die Wichtigkeits-Zufriedenheitsmartix zeigt Verbesserungsbedarfe auf

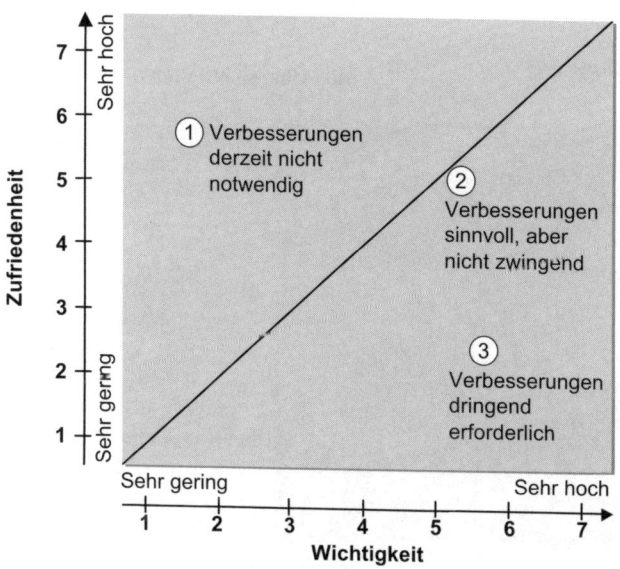

Abb. 5: Schema Wichtigkeits-/Zufriedenheitsmatrix

Berichtsform

Bei der Vorstellung der Gestaltungsdimensionen für Berichte in Kapitel 3 haben wir mit der Analyse der Berichtsinhalte begonnen. Beim Blick in die Praxis steht nun die Berichtsform am Anfang, da wir hierdurch zum Auftakt einen anschaulichen Überblick über die verschiedenen Berichte erhalten können.

Bei allen sieben Unternehmen existiert der Monatsbericht in einer Papierversion. Jedem Berichtsempfänger liegen somit exakt die gleichen Daten als Basis für die gemeinsame Diskussion vor. Ein Unternehmen stellt den Berichtsempfängern zusätzlich ein EDV-Tool zur Verfügung, mit dem sie sich die gewünschten Informationen selbst zusammenstellen können. Dieses Tool ist gleichzeitig auch die Quelle des gedruckten Berichtes. Für diesen werden

die wichtigsten Abfragen aus dem Tool ausgedruckt. Unser Produktvergleich basiert jeweils auf den uns zur Verfügung gestellten Papierversionen.

Berichtsaufmachung

Die *Aufmachung* der Berichte unterscheidet sich im Wesentlichen durch die farbliche Gestaltung: Während drei Unternehmen auf farbliche Elemente verzichten, nutzen vier Unternehmen diese Möglichkeit, ihre Berichte optisch ansprechend zu gestalten. Darüber hinaus ist noch ein deutlicher Unterschied bei der Datendichte zu erkennen: Die Anzahl der berichteten Zahlen pro Seite schwankt zwischen rund 43 und über 300! Dabei spielt die Länge des Berichtes keine Rolle: Während der kürzeste Bericht der Untersuchung auch die geringste Datendichte besitzt, erreicht der zweitkürzeste die höchste (mit

Die Berichte sind sehr unterschiedlich gestaltet

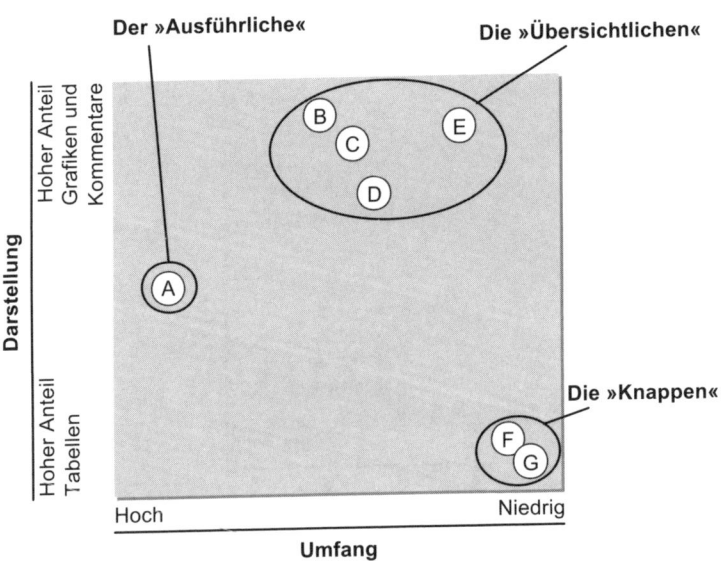

Abb. 6: Charakterisierung der Berichte

Ergebnisse der Benchmarking-Studie

durchschnittlich über 300 Zahlen pro Seite)! Wie dicht die Seiten gepackt werden, ist also unabhängig von der Menge der insgesamt zu berichtenden Informationen und wird offensichtlich durch die Vorlieben der Manager beziehungsweise der Berichtsersteller bestimmt. Uns scheinen Werte deutlich jenseits der Marke von 200 Zahlen pro Seite aber schon eine sehr große Herausforderung an den Empfänger darzustellen.

Im nächsten Schritt wollen wir uns zunächst eine Übersicht über die Verwendung der übrigen formalen Merkmale der Berichte verschaffen: Dazu haben wir die Berichte anhand der Kriterien *Umfang* und *Darstellungsform* in drei Gruppen eingeteilt, denen wir die Namen »*der Ausführliche*«, »*die Über-*

sichtlichen« und »*die Knappen*« gegeben haben (vgl. Abbildung 6).

Berichtsumfang

Insbesondere beim Umfang zeigen sich erhebliche Schwankungen zwischen den Berichten: Während Unternehmen A – »der Ausführliche« – mit 295 Seiten Umfang einen ganzen Aktenordner füllt, fällt der Bericht von Unternehmen G mit fünf Seiten ungleich knapper aus. Auf den ersten Blick zeigt sich eine klare Tendenz: je umfangreicher ein Bericht, desto mehr Platz wird für Grafiken und Kommentare verwendet. Dieser Trend wird aber vom umfangreichsten Bericht des Unternehmens A gebrochen. Er enthält trotz seines erheblichen Umfanges nur

Der Umfang der Berichte schwankt zwischen 5 und 295 Seiten!

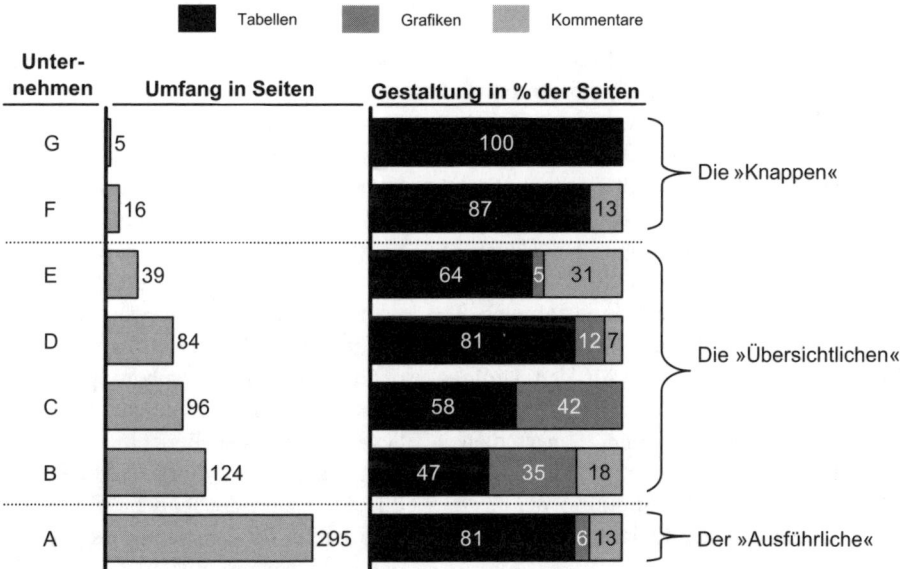

Abb. 7: Berichtsumfang und Anteil Darstellungsformen

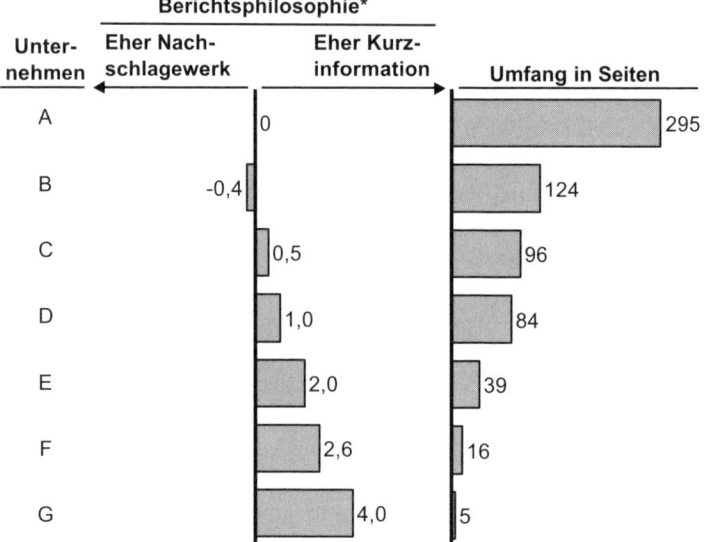

Unter-nehmen	Berichtsphilosophie*		Umfang in Seiten
	Eher Nach-schlagewerk	Eher Kurz-information	
A		0	295
B	-0,4		124
C		0,5	96
D		1,0	84
E		2,0	39
F		2,6	16
G		4,0	5

* Angaben A und E von Berichtserstellern, Skala: –7 = nur Nachschlagewerk, +7 = nur Kurzinformation

Abb. 8: Berichtsphilosophie und Berichtsumfang

Die Berichtsphilosophie bestimmt den Berichtsumfang

den drittgrößten Anteil an von Tabellen abweichenden Darstellungsformen. Zwischen den beiden extremen Berichtsumfängen existiert keine kontinuierliche Verteilung der Seitenanzahl. Wir haben dieses »Mittelfeld« dennoch übereinstimmend die Gruppe der »Übersichtlichen« genannt, da diese Eigenschaft sowohl für die Darstellungsformen – Tabellen ergänzt durch Kommentare und Grafiken – als auch für den Umfang gilt.

Bei derart großen Unterschieden stellt sich natürlich die Frage nach der Ursache für die Streuung der Werte. Zwei möglichen Erklärungen wollen wir dabei nachgehen.

Der Umfang des Berichtes hängt zum einen eng mit der verfolgten *Berichtsphilosophie* zusammen, also ob der Bericht eher als ein Nachschlagewerk oder eher als eine Kurzübersicht über den Geschäftsverlauf dienen soll. Diese Einschätzung hatten wir von den Berichtserstellern und Managern abgefragt. Dabei fällt auf, dass trotz des zum Teil beträchtlichen Umfangs der Berichte alle Befragten – mit Ausnahme von Unternehmen B – mit ihrem Bericht eher das Ziel einer Kurzinformation verfolgen. Vergleicht man die Ausrichtung der Berichtsphilosophie aus Sicht der Berichtsempfänger mit dem Seitenumfang der Berichte, so erhält man das in Abbildung 8 dargestellte Bild. Mit steigender Tendenz, eine Kurzinformation für das Management generieren zu wollen, sinkt die Seitenzahl der Berichte kontinuierlich.

Zwischen den sieben Unternehmen scheint folglich die subjektive Einschätzung, was eher eine Kurzinformation

Ergebnisse der Benchmarking-Studie

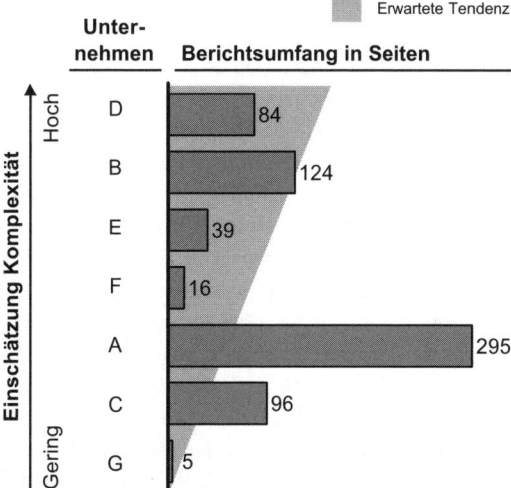

Abb. 9: Komplexität und Berichtsumfang

und was eher ein Nachschlagewerk ist, sehr ähnlich zu sein. Betrachtet man weiter die Wichtigkeit und die Zufriedenheit der Berichtsempfänger bezogen auf den Berichtsumfang, so zeigt sich, dass bei keinem der vier Unternehmen, von denen uns diese Einschätzungen zur Verfügung standen, der Umfang stark kritisiert wurde. Offensichtlich sind diese vier Berichte hinsichtlich ihres Umfanges gut mit den Bedürfnissen der Empfänger abgestimmt.

Bezieht man sich auf den objektiven Informationsbedarf, so ist zu erwarten, dass der Umfang der Berichte von der Komplexität der Unternehmen abhängt: Unternehmen, die mit einer hohen Komplexität konfrontiert sind, müssten tendenziell mehr Daten als weniger komplexe Unternehmen berichten. Abbildung 9 zeigt die nach dem Grad ihrer Komplexität sortierten Unternehmen und den entsprechenden Berichtsumfang. Das grau hinterlegte Dreieck deutet dabei die von uns erwartete Tendenz an. Unsere Erwartung wird in diesem Punkt jedoch nur zum Teil bestätigt. Insbesondere Unternehmen A und C besitzen trotz vergleichsweise geringer Komplexität einen hohen Berichtsumfang. Hier haben bei den analysierten Unternehmen offenbar auch andere Faktoren erheblichen Einfluss; vielleicht fallen manche der Berichte aber für einen Monatsbericht auch etwas zu umfangreich aus. Hier sollte trotz der geringen Kritik durch die Manager über Möglichkeiten für Kürzungen nachgedacht werden.

Die Komplexität hat kaum Einfluss auf den Berichtsumfang

Darstellungsform

Neben dem Umfang wurde von uns auch die *Darstellungsform* (Tabelle, Grafik, Kommentar) der Berichtsinformationen analysiert. Jede dieser Formen besitzt spezifische Vor-, aber auch Nachteile. Die Anordnung der Daten in Tabellenform ermöglicht es, viele Informationen strukturiert mit geringem Platzaufwand darzustellen. Zur schnellen Auswertung der Informationen bedarf es bei dieser Darstellungsform allerdings einer gewissen Übung. Intuitiver können die Aussagen von Grafiken erfasst werden. Hier reicht meist ein Blick, um zu erkennen, welche Entwicklung bei einer Kennzahl vorliegt. Dafür benötigt eine grafische Darstellung deutlich mehr Platz als die Präsentation der gleichen Menge an Information in Tabellenform. Geht es darum, Zusammenhänge sowie besondere oder ungewöhnliche Sachverhalte zu erklären, reichen Zahlen allein oft nicht aus und es bedarf eines Kommentars. Dieser benötigt mehr Platz als eine einfache Kennzahl und seine Erstellung ist aufwändig, da sich dieser Prozess nicht automatisieren lässt.

Wie in Abbildung 7 klar zu erkennen ist, schwankt die Gewichtung der Darstellungsarten innerhalb der Berichte stark. Während Unternehmen G in seinem fünfseitigen Bericht ausschließlich Tabellen präsentiert, enthalten die Berichte der übrigen Unternehmen zu unterschiedlichen Anteilen auch Grafiken und Kommentare. Im folgenden Abschnitt wird untersucht, wie die verschiedenen Darstellungsformen in den Berichten eingesetzt werden. Parallel hierzu werden beispielhaft einige unseres Erachtens besonders gelungene Gestaltungsideen präsentiert.

- *Tabellen:* Der Anteil an Tabellen liegt bei allen Unternehmen – mit der Ausnahme von Unternehmen B – bei über 50 Prozent. Damit stellen Tabellen die dominierende Darstellungs-

form dar. Für die Gestaltung von Tabellen existieren nicht allzu viele Möglichkeiten. Eine wichtige Regel, möglichst im gesamten Bericht eine einheitliche Beschriftung und Reihenfolge von Zeilen und Spalten durchzuhalten, wird von allen Unternehmen befolgt. Wir möchten dennoch kurz zwei Gestaltungsbeispiele für besonders praktische und übersichtliche Tabellenformen darstellen: Das erste Beispiel ist die *T-Tabelle*. Alle Unternehmen berichten neben den Daten des aktuellen Berichtszeitraums auch seit Jahresbeginn kumulierte Werte, beide Werte jeweils mit einem Vorjahresvergleich. Zur Darstellung dieser Werte verwendet Unternehmen E eine Tabelle in T-Form. Dabei sind in der Mitte der Seite die Zeilenüberschriften der berichteten Werte abgetragen. Links davon werden die aktuellen Werte und rechts die kumulierten Werte dargestellt. Diese Seitengestaltung ermöglicht eine komprimierte und zugleich übersichtliche Darstellung. Die Berichtsempfänger können auf einen Blick sowohl die aktuellen Tendenzen als auch den Jahresverlauf ablesen und miteinander vergleichen: Eine aus unserer Sicht sehr gute Möglichkeit, die Ergebnisse des aktuellen Monats in Bezug zum Jahresverlauf zu setzen.

Beim zweiten Beispiel handelt es sich um die *Ampellogik*. Diese wird bei Unternehmen C verwendet, um – ganz im Sinne eines Abweichungsberichtes – die Aufmerksamkeit des Managements auf Bereiche zu lenken, in denen die Planwerte nicht erreicht werden. Dazu werden in den

Die Berichte werden von Tabellen dominiert

Mit der T-Tabelle lassen sich monatliche- und kumulierte Werte übersichtlich darstellen

T-Tabelle

Umsatz								
September					Januar - September			
Ist 2003	Plan 2004	Ist 2004	Abw. zu Plan Vorjahr		Ist 2003	Plan 2004	Ist 2004	Abw. zu Plan Vorjahr
Division A								
Produktlinie R								
Produktlinie S								
Produktlinie T								
Division B								
Produktlinie V								
Produktlinie W								

Ampellogik

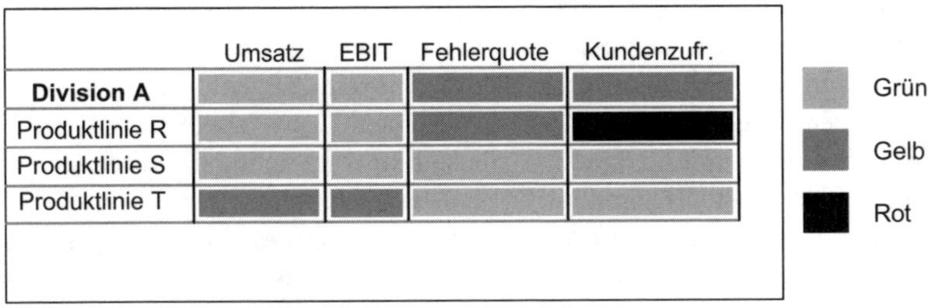

Abb. 10: Beispiele T-Tabelle und Ampellogik

Tabellen die Zahlen mit den Ampelfarben Grün, Gelb und Rot hinterlegt. Dabei steht – intuitiv leicht zu erfassen – Grün für Werte, die besser oder zumindest gleich dem Planwert sind. Gelb werden diejenigen Zahlen hinterlegt, die die Vorgaben knapp verfehlen, und einen roten Hintergrund erhalten Zahlen, die deutlich hinter dem Plan zurückliegen.

- *Grafiken:* Die dominierende Form der grafischen Darstellung ist das *Liniendiagramm*. Alle Unternehmen, die Grafiken verwenden, greifen auf diese Darstellungsform zurück. Mit ihr lassen sich insbesondere die Verläufe von Ist-, Plan- und Vorjahresdaten gut in einer Abbildung gegenüberstellen. Der Betrachter kann so auf einen Blick erkennen, wo das Unternehmen steht, und auch Entwicklungstendenzen lassen sich schnell erfassen.

Eine weitere beliebte Form der grafischen Darstellung ist das so genannte *Wasserfalldiagramm:* Hiermit kann man insbesondere Abweichungsanalysen gut darstellen. Abbildung 11 zeigt das Beispiel eines Wasserfalldiagramms, in dem die Wirkung verschiedener Sondereinflüsse

Die Ampellogik zeigt auf den ersten Blick, wo Handlungsbedarf besteht!

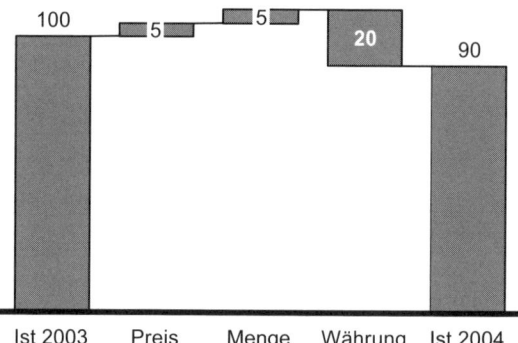

auf das Unternehmensergebnis dargestellt und vom Ergebnis 2003 auf das Ergebnis 2004 übergeleitet wird. Dabei werden Mengen-, Preis-, und Währungseffekte separat ausgewiesen. Man kann sofort erkennen, dass die sowohl beim Preis als auch bei der Menge positive Entwicklung durch Währungseffekte mehr als kompensiert wird und so am Ende ein im Vergleich zum Vorjahr schlechteres Ergebnis steht.

Von den Berichtsempfängern wurde die grafische Gestaltung der Berichte im Wesentlichen als zufrieden stellend bewertet. Bei drei der vier Unternehmen, von denen uns die Einschätzungen der Berichtsempfänger zur Verfügung standen, lag die grafische Darstellung in der Wichtigkeits-/Zufriedenheitsmatrix im grünen Bereich. Die Zufriedenheit mit der grafischen Gestaltung ist dabei offenbar keine reine Frage der Menge an verwendeten Grafiken, denn dieser Anteil schwankte bei den vier Unternehmen zwischen 0 und 42 Prozent. Stattdessen scheint es sich eher um eine Frage der Ausgewogenheit der

Unterschiedliche Einflüsse lassen sich gut mit einem Wasserfalldiagramm darstellen

Berichtsgestaltung und des subjektiven Bedarfs der Manager zu handeln. Ausgehend von dem Anteil an Grafiken in den Berichten zum Zeitpunkt der Untersuchung wünschten sich die Berichtsempfänger in den Unternehmen C und F ein Mehr an Grafiken. In Unternehmen B sahen die Berichtsempfänger Potenzial für eine Reduktion des Anteils von Grafiken und in Unternehmen D waren sie mit einem 12-prozentigen Anteil an Grafiken bereits rundum zufrieden.

• *Kommentare:* Wie bei der Beschreibung des Ablaufs der Benchmarking-Studie erwähnt, stellten uns die Unternehmen keine Originalberichte zur Verfügung. Aus den Berichten waren sämtliche vertraulichen Informationen – also auch die Kommentare – entfernt worden. Bei der Analyse der Kommentare mussten wir uns daher auf die Einschätzungen und Anmerkungen der Berichtsempfänger und die Diskussionen mit den Controllingverantwortlichen stützen.

Bis auf die Unternehmen G und C nehmen alle Unternehmen Kommentare in ihre Berichte auf. Unternehmen G kommentiert wichtige Ereignisse in der E-Mail, mit welcher der Bericht an die Adressaten verschickt wird.

Bei der Beurteilung der Kommentare durch die Berichtsempfänger zeigt sich ein erheblicher Verbesserungsbedarf! Bei allen vier Unternehmen, bei denen uns die Einschätzungen der Berichtsempfänger vorlagen, liegt die Kommentierung im roten Bereich der Wichtigkeits-/ Zufriedenheitsmatrix, bei dreien davon sogar im tief dunkelroten Bereich! Welche Möglichkeiten existieren nun, um diesen Missstand zu beheben?

Zum einen wünschten sich die Empfänger eine Erhöhung des Anteils an Kommentaren. Eine viel wichtigere Rolle als der Umfang dürfte aber die inhaltliche Qualität der Kommentare spielen. Die Berichtsempfänger konnten hierzu in einem Freitextfeld ihre Wünsche äußern. Dabei wurde insbesondere der Wunsch nach einer »schärferen« Kommentierung geäußert. Dies ist aber ein nicht ganz einfaches Unterfangen. Eine pointierte Kommentierung wird allzu leicht als unzulässige Kritik aufgefasst. So berichtete uns ein Unternehmensvertreter, dass das Controlling einmal schärfer kommentiert habe und daraufhin von einem Vorstandsmitglied, das sich angegriffen fühlte, heftig kritisiert wurde. Daraufhin wurde diese Art der Kommentierung wieder eingestellt.

Wie aber sollen geeignete Kommentare aussehen? Gute Kommentare sollen helfen, Entwicklungen besser zu verstehen. Ein Statement in der Art »Der Umsatz ist im Januar im Vergleich zum Vorjahr um 0,5 Prozent gestiegen« ist wertlos, da diese Information ohne große Mühe auch dem Zahlenwerk des Berichtes entnommen werden kann. Ziel könnte es in diesem Beispiel sein, das Umsatzwachstum zu werten: »Mit 0,5 Prozent Umsatzwachstum im Vergleich zum Vorjahr liegen wir deutlich unter dem durchschnittlichen Marktwachstum von 2 Prozent.« Dieser Kommentar hilft, aus den Zahlen Schlüsse zu ziehen. Gleichzeitig bringt er den umsatzverantwortlichen Manager aber in Rechtfertigungsnot, was diesem natürlich nicht gefallen muss. Trotzdem sollte eine derartige Form der Kommentierung durch den Controller erstellt werden, denn nur so kann er seiner Aufgabe als kritischer Counterpart gerecht werden. Dabei gilt es natürlich zu beachten, dass sich die Wertungen durch objektive Daten stützen lassen, wie in unserem Beispiel durch das durchschnittliche Marktwachstum.

Die Gestaltung der Kommentierung ist also ein kritischer Punkt und zudem ein Berichtsbestandteil, der klar das Selbstverständnis und die Stellung des Controllings im Unternehmen wiedergibt! Bei der Art, wie Kommentare gestaltet werden sollten, spielt deshalb die Controllingphilosophie eine große Rolle: Sieht sich das Controlling eher als reiner Dienstleister bei der Datenbeschaffung oder auch als kritischer Counterpart des Managements? Hier gilt es nicht nur den Wünschen der Kunden entgegenzukommen, hier besteht vielmehr auch Möglichkeit, sich entsprechend zu positionieren!

Manager wünschen sich eine aussagekräftige Kommentierung!

Wie kommentiere ich richtig?

Ein Ergebnis unseres Benchmarking ist, dass die Manager von den Controllern gute Kommentare einfordern. Doch wodurch zeichnen sich gute Kommentare aus?

Um diese Frage zu beantworten, gilt es zuerst zu klären, was und wann überhaupt kommentiert werden sollte, um anschließend Hinweise zu geben, wie Kommentare gestaltet werden sollten.

Ziel eines Kommentars ist es, Zusammenhänge, die nicht aus den Zahlen in Tabellen oder aus Grafiken erschlossen werden können, zu erklären. Dies trifft insbesondere auf *außergewöhnliche Ereignisse* zu, die nicht regelmäßig auftreten. Damit Kommentare für den Manager von Interesse sind, müssen sie *relevante Auswirkungen* auf das Unternehmen haben. Trifft beides – *Außergewöhnlichkeit* des Ereignisses und große *Auswirkung* auf das Unternehmen – zusammen, dann sollte eine Kommentierung erfolgen. Was aber ist außergewöhnlich, wann ist eine Auswirkung groß? Hier gibt es sicher keine festen Regeln, sondern nur die Möglichkeit, im Dialog mit den Managern das entsprechende *Einschätzungsvermögen* zu erwerben.

Sind die zu kommentierenden Ereignisse erst einmal bestimmt, gilt es, die Kommentare zu strukturieren. Hier sollte besonderes Augenmerk auf eine gute Lesbarkeit und auf eine interessante Gestaltung der Kommentare gelegt werden, um das Interesse der Manager einzufangen. Deshalb ist es meist geboten, die Auswirkungen des kommentierten Sachverhaltes an den Anfang des Textes zu setzen und erst anschließend die Gründe für die Effekte aufzuführen. Diese so genannte *Top-down-Struktur* verhindert, dass der informationsüberflutete Leser in der Ursachenkette stecken bleibt und die Wichtigkeit eines Ereignisses nicht erkennt.

Für die Gestaltung von Kommentaren gibt Wirth in seinem Artikel wichtige Anregungen[4]:

- kurze Absätze mit jeweils einem Kernpunkt,
- wichtige Punkte fett drucken,
- Wichtiges auch in Grafiken, Textkästen et cetera hervorheben.

Den letzten Schliff erhalten Kommentare durch den Einsatz einer *klaren und verbindlichen Sprache*. Diese zeichnet sich durch direkte, bejahende Aussagen im Indikativ und in Aktivform aus. Verklausulierte Satzgebilde, Formulierungen im Konjunktiv, Substantivierungen und doppelte Verneinungen dagegen erschweren das Lesen von Kommentaren und lassen die Aussagen wenig verbindlich erscheinen.

Berichtsinhalt

Außergewöhnliche Ereignisse sollten kommentiert werden!

Nach der Berichtsgestaltung geht es nun um die Berichtsinhalte. Wir wollen hierbei untersuchen, inwieweit sich die berichteten Informationen und deren Struktur von Unternehmen zu Unternehmen unterscheiden und wo Gemeinsamkeiten existieren.

Ergebnisse der Benchmarking-Studie

Berichtsstruktur

Wir starten mit der Analyse der *Berichtsstruktur*. Hier geht es darum, wie die Berichte gegliedert sind und auf welche organisatorischen Einheiten im Unternehmen sich die Berichtsinhalte beziehen. Zwei Fragen werden die Analyse leiten: »Wie sollte der Bericht gegliedert sein?« und »Wie viele Details sollten verschiedenen Informationsgegenständen – wie beispielsweise den Produktlinien – im Monatsbericht gewidmet werden?«

Die Frage nach der verwendeten Struktur lässt sich zumindest statistisch klar beantworten: alle sieben Unternehmen gliedern ihre Berichte entlang ihrer Konzernstruktur, was nicht weiter überrascht. Dabei stellen vier der Unternehmen zur besseren Übersicht ihrem Bericht ein Inhaltsverzeichnis voran. Anschließend starten sämtliche Unternehmen mit einer Konzernübersicht und gehen dann auf die einzelnen Divisionen ein. Interessant ist der Ansatz von Unternehmen B: Zusätzlich zur Gliederung anhand der Organisationsstruktur werden Entwicklungen in den Kernregionen des Konzerns unternehmens- und marktseitig wiedergegeben. Dies erlaubt den Managern, die Auswirkungen von regionalen Trends – wie z. B. der Asienkrise – schnell aus dem Gesamtergebnis herauszufiltern und festzustellen, wie man sich relativ zu den Mitbewerbern in dem entsprechenden Markt entwickelt hat. Diese zusätzliche Informationsstruktur wird aber von den Berichtsempfängern am wenigsten genutzt, und in ihr wird Potenzial zur Streichung gesehen. Offensichtlich wünschen sich die Manager

generell eher Informationen, die sich an der Organisationsstruktur des Unternehmens orientieren.

Deutliche Unterschiede gibt es hinsichtlich des Anteils *dezentraler Informationen* in den Monatsberichten. Für die entsprechende Analyse haben wir drei Unternehmensebenen definiert: die *Konzernebene*, die Ebene der *Strategic Business Units* und die *Vertriebslinien-/ Produktebene*. Auch wenn – wie oben bereits erwähnt – die grundsätzliche Gliederung der Berichte identisch ist, gibt es bei der Gewichtung der einzelnen Ebenen eine ähnlich starke Streuung wie beim Umfang: Während Unternehmen A 92 Prozent des Berichtsinhaltes für Daten aus dezentralen Unternehmensbereichen verwendet, sind es bei Unternehmen G gerade einmal 20 Prozent!

Nach unserer Einschätzung sollte eine hohe Unternehmenskomplexität zu einem hohen Anteil an dezentralen Kennzahlen führen, da sich hier die Daten nicht einfach aggregieren lassen und auf hohem Detailniveau berichtet werden muss. Vergleicht man unsere Hypothese mit den dezentralen Anteilen an den Berichten der Unternehmen in Abbildung 12, so stellt man fest, dass zwischen Komplexität und dezentralen Anteilen allerdings keinerlei Zusammenhang besteht.

Woher stammen dann die großen Unterschiede? Einen weiteren Ansatzpunkt liefert die *Organisationsform* des Unternehmens. Diese sollte sich zwar ebenfalls an der Komplexität und Dynamik des Umfeldes orientieren, ist aber zu einem gewissen Grad auch eine strategische Entscheidung. Aus Abbildung 13 kann man ablesen, dass bei vier der sieben Unternehmen eine Tendenz

Der Anteil dezentraler Informationen schwankt stark

Der Anteil dezentraler Kennzahlen wird nicht durch die Komplexität bestimmt

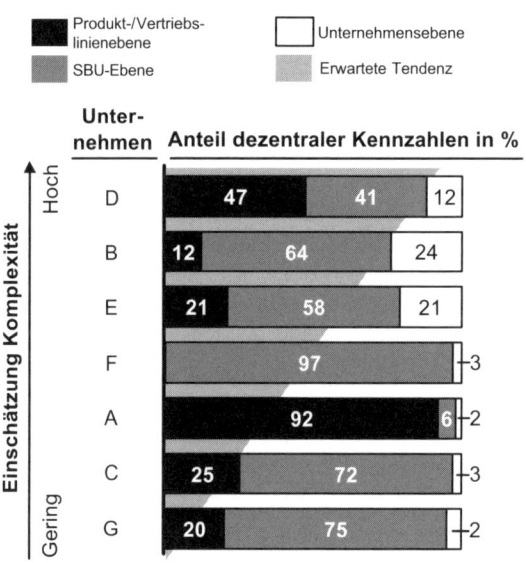

Abb. 12: Anteil dezentraler Kennzahlen und Komplexität

Die Organisationsform hat nur bedingten Einfluss auf den Anteil dezentraler Kennzahlen

hin zu einem Mehr an dezentralen Informationen bei stärkerer operativer Ausrichtung des Managements zu beobachten ist. Dabei gilt es zu beachten, dass die Bezeichnung der Organisationsform keine exakte Auskunft über das Maß an operativer Ausrichtung des Managements gibt und somit die Anordnung der Unternehmen zu einem gewissen Grad subjektiv ist. Die Berichte der drei als Stammhaus organisierten Unternehmen weichen in diesem Punkt aber deutlich von den übrigen vier Unternehmen ab. Gerade bei der Organisation in Form eines Stammhauses besteht aber die stärkste Fokussierung auf das operative Geschäft. Beobachtet werden kann allerdings nur ein sehr geringer Anteil dezentraler Informationen. Anhand der von uns gewählten objektiven Kriterien lassen sich die Ausprägungen der dezentralen Inhalte

offensichtlich nicht wirklich erklären! Eine Begründung dafür könnte in der Erfüllung des subjektiven Informationsbedarfs der Manager oder in einer Pfadabhängigkeit der Gestaltung des Berichtswesens liegen. Eine Untersuchung der historischen Entwicklung der Gestaltung des Berichtswesens würde allerdings den Umfang dieser Studie sprengen, und auf die Möglichkeiten zur Erfassung des subjektiven Informationsbedarfs der Manager werden wir in Kapitel 5 noch detailliert eingehen.

Informationsgegenstand

Von der Struktur der Berichte kommen wir nun zu den *Informationsgegenständen*. Wie gezeigt, werden in den von uns untersuchten Berichten überwiegend Daten in Tabellenform präsentiert. Um die Informationsgegenstände, auf

Ergebnisse der Benchmarking-Studie

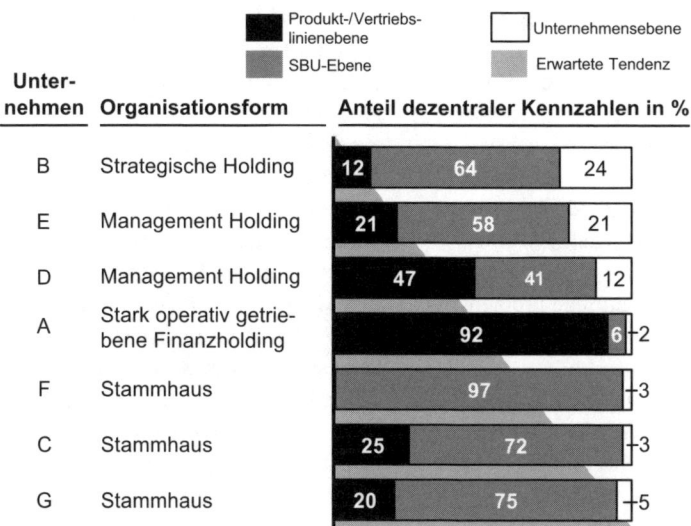

| | | Produkt-/Vertriebs-linienebene | | Unternehmensebene |
| | | SBU-Ebene | | Erwartete Tendenz |

Unternehmen	Organisationsform	Anteil dezentraler Kennzahlen in %		
B	Strategische Holding	12	64	24
E	Management Holding	21	58	21
D	Management Holding	47	41	12
A	Stark operativ getriebene Finanzholding	92	6	2
F	Stammhaus	97		3
C	Stammhaus	25	72	3
G	Stammhaus	20	75	5

Abb. 13: Organisationsform und Anteil dezentraler Kennzahlen

die sich diese Zahlen beziehen, zwischen den einzelnen Unternehmen vergleichen zu können, haben wir sie den Dimensionen der Balanced Scorecard zugeordnet. Bestimmt man den Anteil an Finanz-, Markt-/Kunden-, Mitarbeiter- und Prozesskennzahlen, so zeigt sich, dass die Berichte von Finanzkennzahlen dominiert werden. Der kürzeste Bericht besteht ausschließlich aus Finanzkennzahlen. Selbst beim Unternehmen F – mit 46 Prozent nicht-finanzieller Kennzahlen der Spitzenreiter beim Anteil nicht-monetärer Informationen – machen finanzielle Kennzahlen mehr als die Hälfte der berichteten Daten aus. Den kürzesten Bericht einmal ausgenommen, beinhalten sämtliche Berichte mindestens einen Anteil an nicht-finanziellen Daten von 15 Prozent. Um die Unterteilung in die verschiedenen Kennzahlen-Kategorien anschaulicher zu machen, folgen einige Beispiele. Sie zeigen eine Auswahl der Kennzahlen, die innerhalb der jeweiligen Kategorien berichtet werden, und geben eine kurze Charakterisierung der entsprechenden Kategorie:

- *Mitarbeiterkennzahlen:* Bei den Mitarbeiterkennzahlen dominieren klar Angaben zum »Headcount«, also zur Anzahl der Mitarbeiter in verschiedenen Unternehmensbereichen.

- *Prozesskennzahlen:* Bei den Prozesskennzahlen bestehen die größten Unterschiede zwischen den analysierten Unternehmen, weil die Prozesse stark industriespezifisch geprägt sind. Von Lagerreichweiten über Kapazitätsauslastungen bis zur Lieferpünktlichkeit wird hier das Management über den Status der verschiedenen Prozesse des Unternehmens informiert. Bei den Prozesskennzahlen – für unsere Betrachtung haben wir hierin auch

Finanzkennzahlen dominieren alle Berichte

die Qualitätskennzahlen eingeschlossen – handelt es sich meist um die finanziellen Kennzahlen vorauseilenden Indikatoren. Sie ermöglichen es dem Management beispielsweise, bevorstehende Engpässe bei Lagerartikeln oder eine mangelnde Auslastung von Kapazitäten frühzeitig zu erkennen. So kann gegengesteuert werden, noch bevor sich eventuelle Probleme in den Finanzdaten des Unternehmens widerspiegeln.

- *Markt-/Kundenkennzahlen*: Während alle bisher genannten Kennzahlen den Blick der Berichtsadressaten nach innen, also auf das eigene Unternehmen richten, bilden die Markt- und Kundenkennzahlen das Geschehen außerhalb des Unternehmens ab. Dieser Kategorie von Kennzahlen haben wir primär Informationen zu Marktanteilen aber auch Kennzahlen wie den Ertrag pro Kunde und Kundenzufriedenheitswerte zugeordnet.

Markt- und Kundenkennzahlen sollten insbesondere in Unternehmen, die sich durch eine hohe Dynamik auszeichnen, nicht vernachlässigt werden. Durch die Sicht auf das Unternehmensumfeld können eventuelle Veränderungen rechtzeitig erkannt werden. Vergleicht man den Anteil der in den Berichten enthaltenen Markt- und Kundenkennzahlen mit der Unternehmens-Dynamik, so zeigt sich eine Tendenz: In dynamischen Unternehmen fällt der Anteil an berichteten Markt- und Kundenkennzahlen etwas höher aus. Dieser Zusammenhang ist in Abbildung 14 dargestellt.

Bei der Befragung der Berichtsempfänger zeigte sich, dass in Bezug auf Informationen zum Unternehmensumfeld der größte Verbesserungsbedarf gesehen wird. Der von den Managern wahrgenommene Änderungsbedarf bei

Bei hoher Dynamik werden verstärkt Marktkennzahlen berichtet

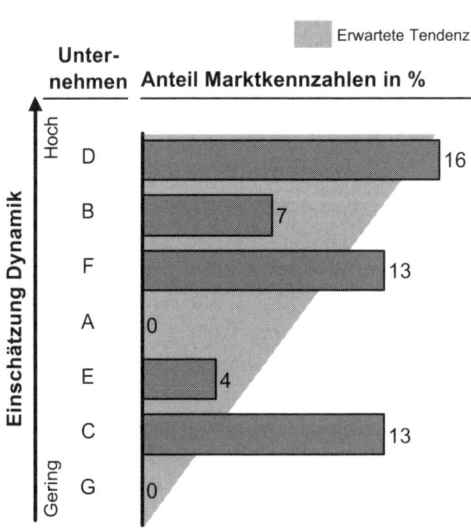

Abb. 14: Dynamik und Anteil Marktkennzahlen

Ergebnisse der Benchmarking-Studie

Informationen zum Unternehmensumfeld ist in Abbildung 15 den Aussagen zum Änderungsbedarf bei monetären Informationen gegenübergestellt. Auf einer Skala von eins (= geringer Änderungsbedarf) bis sieben (= hoher Änderungsbedarf) bewerteten in allen vier Unternehmen die Berichtsempfänger den Änderungsbedarf bei den Informationen zum Unternehmensumfeld mit vier oder höher. Damit sahen die Berichtsempfänger hier in drei von vier Fällen einen höheren Änderungsbedarf als die Berichtsersteller. Leisten die entsprechenden Controller bei der Zusammenstellung der Daten zum Unternehmensumfeld etwa schlechte Arbeit? Betrachtet man zum Vergleich die Änderungswünsche der Berichtsempfänger bei den monetären Daten, so könnte man meinen: »Ja!«, denn nur in einem Unternehmen übersteigt der Wunsch nach Veränderungen den Skalenwert vier. Allerdings muss man beachten, dass Daten zum Marktumfeld deutlich schwieriger zu beschaffen sind als interne Daten. Erwartet man von Marktdaten die gleiche Detailtiefe, Aktualität und Qualität wie von internen Kennzahlen, dann ist eine Enttäuschung vorprogrammiert. Für die auf das Unternehmensumfeld bezogenen Kennzahlen stehen nämlich meist nur relativ hoch aggregierte Schätzwerte zur Verfügung. Hier gilt es, neben einer möglichst hohen Berichtsqualität auch Aufklärungsarbeit über das Machbare zu leisten. Manchem Berichtsverantwortlichen wird sich dann die Frage stellen, ob er Marktkennzahlen nicht lieber gleich weglassen sollte, bevor er die Erwartungen seiner Kunden nicht erfüllt. Dieser

Manager sehen bei Informationen zum Unternehmensumfeld hohen Änderungsbedarf!

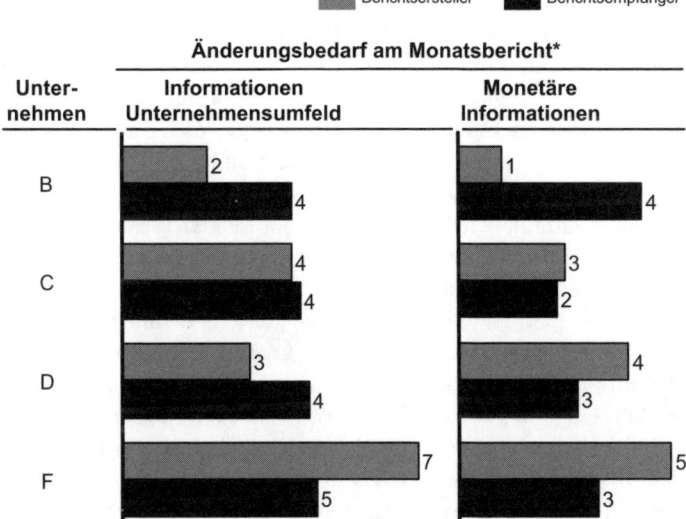

* Antwortskala von 1 für »sehr gering« bis 7 für »sehr hoch«

Abb. 15: Änderungsbedarf Informationen Unternehmensumfeld und monetäre Informationen

Schluss wäre allerdings eindeutig verkehrt! Solange die berichteten Kennzahlen nicht entweder wirklich falsch (die geforderte Genauigkeit hängt hier von der Art der Informationsverwendung – die am ehesten konzeptionell sein sollte – ab) oder völlig veraltet sind, erfüllen sie dennoch ihren Zweck: Sie richten die Aufmerksamkeit der Manager nicht allein auf die interne Situation des Unternehmens, sondern auch auf externe Entwicklungen.

Dass finanzielle Kennzahlen nach wie vor die Domäne der Controller sind, zeigt eine Gegenüberstellung der Einschätzung des entsprechenden Änderungsbedarfs: Diesen schätzen die Berichtersteller in drei von vier Unternehmen höher ein als die Berichtsempfänger! Offensichtlich besteht hier eine Tendenz der Controller, »am Markt vorbei zu produzieren«.

Übergreifend kann bei den Berichtsinhalten festgestellt werden, dass die Controller in ihrer angestammten Domäne – den Finanzkennzahlen – offenbar gute Arbeit leisten, allerdings den Mut zeigen sollten, vermehrt nicht-monetäre Informationen – insbesondere Markt- und Kundendaten – in die Berichte zu integrieren. Nicht-finanzielle Kennzahlen können oft Tendenzen aufzeigen, noch bevor sie sich in den Finanzen niederschlagen. Dadurch können Maßnahmen früher eingeleitet und damit negativen Auswirkungen auf das Unternehmensergebnis entgegengewirkt werden. Darüber hinaus kann die Aufnahme einer nicht-finanziellen Steuerungsgröße in den Monatsbericht deren Bedeutung hervorheben und damit eine gezielte Fokussierung des Managements auf diese Größe bewirken.

Controller widmen sich zu sehr den finanziellen Kennzahlen!

Informationsart und Informationsbezug

Untersucht man die Berichte hinsichtlich der enthaltenen *Informationsarten*, so stellt man große Gemeinsamkeiten fest: Bei sämtlichen Unternehmen überwiegen faktische Informationen. Diese werden in Form der Ist-Werte des Berichtszeitraumes zur Verfügung gestellt. An zweiter Stelle stehen, repräsentiert durch Planzahlen und Hochrechnungen, prognostische Informationen. Mit deutlichem Abstand folgen – repräsentiert durch Kommentare – die erklärenden Informationen. Da wir keinen direkten Einblick in den Wortlaut der Kommentare hatten, können wir den Anteil normativer Informationen schließlich nur schlussfolgern: Die oben beschriebene Problematik »scharfer« Kommentierungen legt es nahe, dass er sehr gering ist.

Die Aussagekraft der Informationen hängt immer vom Bezug ab, in den sie gestellt werden. Eine für sich stehende Zahl besitzt häufig nur einen geringen Informationswert. Ziel eines ausgewogenen Berichts muss es daher sein, die richtigen Vergleichswerte für eine schnelle und zielgerichtete Interpretation der Daten zu liefern. Sie werden benötigt, um schnell zu erkennen, wo Ziele erreicht werden und in welchen Bereichen größere Abweichungen von den Vorgaben vorhanden sind.

Als Vergleichswerte bieten sich zum einen Vergangenheitswerte und zum anderen Prognosen an, die für den berichteten Zeitraum getroffen wurden. Ist-Werte aus der Vergangenheit haben den klaren Vorteil, dass sie von keinerlei Einschätzung abhängig sind und des-

Ergebnisse der Benchmarking-Studie

halb kaum Diskussionsbedarf hervorrufen. Schwierigkeiten entstehen allerdings, wenn sich von der Erhebung des Vergleichswertes bis zum Berichtszeitpunkt größere Veränderungen ergeben haben. Einige davon – wie zum Beispiel Währungseinflüsse – lassen sich noch einfach separat darstellen, andere – wie zum Beispiel strukturelle Veränderungen durch den An- oder Verkauf von Unternehmensteilen – lassen sich dagegen nur sehr schwer berechnen. Sind diese Einflüsse schwerwiegend, so sollten sie separat ausgewiesen werden.

Bei den Prognosen kann zwischen Planwerten und Hochrechnungen unterschieden werden. Planwerte werden in einem mehr oder weniger langwierigen Verfahren mit allen Beteiligten für den Planungszeitraum (meist das Geschäftsjahr) im Voraus abgestimmt. An ihre Erreichung ist zumeist die Entlohnung der Manager gekoppelt. Hochrechnungen dagegen werden – meist aufgrund der Marktlage – häufiger angepasst. Sie geben vor allem Aufschluss darüber, inwieweit extern kommunizierte Ziele erreicht werden.

Bis auf die Verwendung von Hochrechnungen ergibt sich in unserem Benchmarking ein relativ homogenes Bild: Alle Unternehmen berichten parallel zu den Ist-Daten die entsprechenden Vorjahreswerte. Ebenso erhalten die Firmenlenker bei fünf der sieben Unternehmen einen Plan- beziehungsweise Budgetwert zum Vergleich. Lediglich Unternehmen F verzichtet ganz auf die Angabe von Planwerten, während Unternehmen A diese zumindest bei den Investitionen zum Vergleich bereitstellt. Als in die Zukunft gerichtete Information erhalten vier der sieben Unternehmensleitungen auch eine Hochrechnung für den weiteren Jahresverlauf.

Welche Vergleichswerte eignen sich neben Vorjahreswerten nun für einen Bericht am besten? Dies hängt eng mit den in Kapitel 2 beschriebenen Berichtszwecken zusammen: Dabei steht die Information bei sämtlichen Unternehmen klar an erster Stelle. Dies entspricht der Dominanz von Ist-Daten in den Berichten. Allerdings können auch die Hochrechnungen dem Informationszweck dienen, indem sie über die derzeitigen Erwartungen unterrichten. Den zweiten Platz bei den Berichtszwecken teilen sich Planung und Kontrolle. Während zur Planung eher eine möglichst aktuelle Prognose hilfreich ist, benötigt man zur Kontrolle die entsprechenden Vorgaben in Form von Planwerten. Es zeigt sich, dass alle Unternehmen, die als zweitwichtigsten Berichtszweck Kontrolle angegeben haben, auch Planwerte berichten, während die Unternehmen, die bei den Berichtszwecken die Planung an zweite Stelle setzen, zum Teil auf Planwerte zu Gunsten von Hochrechnungen verzichten.

Insgesamt werden mit allen Berichten verschiedene Zwecke parallel verfolgt. Eine eindeutige Priorisierung findet dabei bisher nur bei Unternehmen G statt. Dies sollte für die übrigen Unternehmen der Anstoß sein, sich ebenfalls genauere Gedanken über die Gewichtung der einzelnen Berichtszwecke zu machen.

Werte aus *rollierenden Hochrechnungen* wurden im Übrigen so gut wie gar nicht berichtet. Diese fanden nur bei einem Unternehmen in einem Teilbereich Verwendung. Bei einigen Unter-

In allen Unternehmen ist Information der wichtigste Berichtszweck

nehmen waren sie einmal Bestandteil des Berichtes, wurden dann aber wieder fallen gelassen. Ursache hierfür ist der geringe Bezug zu extern kommunizierten Daten.

Im Rahmen der Vergleichsdaten möchten wir hier noch eine Analyseform näher vorstellen, die uns als besonders hilfreich bei der Gestaltung von Berichten erscheint:

Die Brücken-analyse entlarvt unrealistische Prognosen!

Die *Brückenanalyse* ist ein in unserer Studie von zwei Unternehmen verwendetes Instrument zur Einschätzung der Erreichbarkeit von Plan- und Prognosewerten. Bei der Brückenanalyse werden die Werte der vergangenen Monate der Prognose für das Jahresende gegenübergestellt und es wird (quasi als »Brücke« zum prognostizierten Ergebnis) berechnet, wie sich der Wert bis zum Jahresende entwickeln müsste, um das gesteckte Ziel beziehungsweise die Prognose noch zu erreichen. So lassen sich unrealistische Annahmen schnell erkennen: Lag zum Beispiel das Umsatzwachstum im Vergleich zum Vorjahr in den ersten sechs Monaten bei zwei Prozent und ist für das Gesamtjahr ein Umsatzwachstum von vier Prozent prognostiziert, dann zeigt eine Brückenanalyse sofort, dass zur Zielerreichung bis Jahresende noch ein durchschnittliches Wachstum von sechs Prozent benötigt wird, also dreimal so viel wie in den ersten sechs Monaten. Das dürfte ohne große Veränderung kaum möglich sein.

Erstellungsprozesse

Bezugsrahmen für die Prozessanalyse

Nach der Berichtsgestaltung wenden wir uns nun der Analyse der Erstellungsprozesse der Berichte zu. Hierbei steht erneut der Vergleich zwischen den Unternehmen im Zentrum der Ausführungen. Um vergleichbare Daten zu erhalten, müssen die untersuchten Prozesse eindeutig definiert werden: Wir beschränken uns ausschließlich auf den Prozess der Monatsberichterstattung auf Konzernebene. Die Prozesse in den tiefer liegenden Unternehmenseinheiten sind bei Unternehmen aus unterschiedlichen Industrien zu spezifisch, um sinnvolle Vergleiche zu ermöglichen.

Neben der Vergleichbarkeit benötigen wir zur Beurteilung noch Kriterien, anhand derer wir die Prozesse bewerten können. Ganz allgemein sind dies die vier Aspekte Qualität, Zeit, Aufwand und Flexibilität. Natürlich ist es wünschenswert, in allen Dimensionen möglichst gute Werte zu erzielen. Dies ist allerdings nicht ohne weiteres möglich, da zwischen den Kriterien Abhängigkeiten bestehen. In der Praxis bewirkt die Verbesserung eines Aspektes – hinreichende Effizienz der Berichterstattung vorausgesetzt – meist eine Verschlechterung der übrigen Kriterien. Will man zum Beispiel die Erstellungszeit für einen Bericht senken, so sind in der Regel negative Auswirkungen auf die Qualität und auf den Aufwand zu erwarten. Ebenso wirkt sich eine Erhöhung der Flexibilität negativ auf die Qualität aus, da sich mit steigender Flexibilität die Komplexität der einzelnen Prozessschritte normalerweise erhöht und damit die Fehlerwahrscheinlichkeit steigt.

Der einzige Ausweg aus diesem Dilemma ist eine konsequente Priorisierung innerhalb der vier Beurteilungskriterien. Aber welches der Ziele ist das wichtigste? Wie schon bei der Gestal-

Ergebnisse der Benchmarking-Studie

tung von Berichten gibt es auch hier keine allgemein gültige Aussage. Die Wichtigkeit der einzelnen Kriterien hängt vielmehr von den jeweiligen Herausforderungen innerhalb des Berichtswesens ab. Werden zum Beispiel häufig Sitzungen des Vorstandes vertagt, weil Entscheidungen aufgrund der schlechten Qualität der bereitgestellten Daten – zum Beispiel wegen nicht erklärbarer Unstimmigkeiten zwischen den Werten des externen und des internen Rechnungswesens – nicht getroffen werden können, dann sollte die Sicherstellung eines in sich stimmigen Zahlenwerkes die höchste Priorität genießen. Werden dagegen immer qualitativ hochwertige Zahlen geliefert, der Bericht aber vom Vorstand kaum zur Kenntnis genommen, weil dieser sich bis zu dessen Eintreffen schon die wichtigsten Daten aus anderen Quellen selbst organisiert hat, dann sollte eine Verkürzung der Zeitdauer der Berichtserstellung ganz oben auf der Prioritätenliste stehen.

Die Diskussion mit den gebenchmarkten Unternehmen hat gezeigt, dass sich in vielen Fällen eine Art *Lebenszyklus der Prozessgestaltung* beobachten lässt: Start des Zyklus ist häufig ein äußerer Einfluss, der eine Umstellung des Berichts- und damit meist auch des Rechnungswesens erfordert. Als Beispiel sei hier die Umstellung auf eine Rechnungslegung nach IFRS (vormals IAS) genannt. Bei der Implementierung der Änderung liegt das Hauptaugenmerk zunächst auf der Qualität. Das neue System muss zu einem gewissen Zeitpunkt zuverlässige Daten liefern. Ist dies nicht der Fall, fallen für das Unternehmen sehr hohe Kosten an. Diese übersteigen die möglichen Einsparun-

gen durch eine Prozessoptimierung bei weitem. Läuft das neue System erst einmal zuverlässig, wird in der Regel zuerst versucht, die Informationen möglichst schnell zu gewinnen, zum Beispiel werden zur Qualitätssicherung eingebaute Pufferzeiten reduziert. Zusätzlich sorgen Lerneffekte für weitere Möglichkeiten, Zeit einzusparen. Die Einsparung bei der Prozessdauer geht oft Hand in Hand mit einer Verringerung des Aufwandes für die Berichtserstellung. Diese wird zum einen durch eine Optimierung der Prozesse und zum anderen durch eine möglichst weitgehende Integration der Systeme erzielt.

Allerdings sind diese »hoch gezüchteten« Systeme meist recht unflexibel. Solange die Umwelt gleich bleibende Anforderungen an das System stellt, bereitet dies keine Probleme. Kleinere Änderungen können meist noch durch »Anbaumaßnahmen« an das bestehende System behoben werden. Kommt es allerdings zu großen Veränderungen bei den Anforderungen, wird Flexibilität zur wichtigsten Systemeigenschaft. Flexibilität kann dann aber im benötigten Ausmaß nur durch eine grundlegende Neugestaltung oder ein gänzlich neues System erreicht werden. Somit startet der Zyklus von vorne. Im Rahmen eines solchen Umbruches wird damit schließlich die Flexibilität gegenüber den übrigen Kriterien priorisiert.

Zur Optimierung des Erstellungsprozesses ist eine klare Zielsetzung erforderlich!

Vorgehen

Was bedeutet das für die Gestaltung der Prozesse im Berichtswesen? Wichtig ist hier vor allem, sich mit den Berichtsempfängern auf Prioritäten und Ziele, die bei Veränderungen und Verbesserungen der Prozesse im Berichtswesen gesetzt werden, zu verständigen. Ansonsten droht die Gefahr, beim Versuch, gleichzeitig mehrere Ziele zu erreichen, durch die Konflikte zwischen diesen zerrieben zu werden.

Wie gehen Unternehmen in der Praxis mit dieser Herausforderung um? Um diese Frage zu untersuchen, haben wir in den sieben betrachteten Unternehmen Berichtsersteller zu den entsprechenden Prozessen befragt. Dabei stellte sich heraus, dass der Ablauf der Berichterstellung recht ähnlich gestaltet ist. So konnten wir typische Prozessschritte definieren, für die ein aussagekräftiger Vergleich der Prozessdauern möglich ist. Bevor wir ausführlich auf den Vergleich der *Prozesszeiten* eingehen, werden die Ergebnisse zu den übrigen Bewertungskriterien im Folgenden kurz zusammengefasst:

Durchgängige EDV-Systeme verbessern die Datenqualität

- *Qualität*: Bezogen auf die Qualität, interpretiert als die Genauigkeit der Daten, gab es bei zwei Unternehmen ein leichtes bis mittleres Bedürfnis der Berichtsempfänger nach Verbesserungen. Auslöser hierfür waren geringe Differenzen zwischen Daten des internen und externen Rechnungswesens, die zu Verwirrungen führten. Gravierende Fehler unterlaufen sehr selten. Hier zeigte sich in Interviews, dass ein durchgängiges System hilfreich ist, um die Qualität der Daten zu erhöhen.
- *Aufwand*: Ein großer Teil des Aufwandes für die Erstellung der Berichte fällt bei der Datenerfassung und der Anpassung der Systeme bei Veränderungen im Berichtswesen an. Da diese Aufgaben zum Teil von verschiedenen

Abteilungen wahrgenommen werden, war hier die Erhebung eines aussagekräftigen und zwischen den Unternehmen vergleichbaren Gesamtaufwandes im Rahmen der Studie nicht durchführbar.

- *Flexibilität*: Flexibilität ist eine schwer zu messende Eigenschaft. In der Praxis wird sie meist von den verwendeten EDV-Systemen bestimmt. Um Anhaltspunkte zu gewinnen, haben wir die entsprechenden Eigenschaften der technischen Systeme für die Berichterstellung verglichen. Hierbei zeigte sich, dass in vier Unternehmen mittlerweile ein durchgängiges System zur Berichterstellung auf der Basis von SAP BW existiert und bei zwei weiteren Unternehmen die Umstellung auf SAP BW geplant ist. Lediglich bei Unternehmen F müssen die Daten noch zwischen verschiedenen Datenbanksystemen transferiert werden. Dies geschieht aber mehr oder weniger automatisiert mit Hilfe von Excel. Bei einigen Unternehmen liegt die Umstellung auf ein integriertes EDV-System noch nicht weit zurück. Diese Unternehmen berichteten, dass durch die Umstellung vor allem eine bessere Datenqualität und eine Reduzierung des Aufwandes erzielt wurde. Allerdings beklagten sie eine Verringerung der Flexibilität durch das neue System. Bezogen auf unser Lebenszyklus-Modell heißt dies, dass sich ein Großteil der von uns betrachteten Unternehmen gerade in der Mitte des Lebenszyklus befindet und die Prozesse auf Kosten der Flexibilität optimiert.

Erstellungsdauern

Kommen wir nun zum Vergleich der *Erstellungsdauern* zwischen den Unternehmen. Dabei beziehen wir erneut die Auswirkung von Komplexität und Dynamik der Unternehmen in unsere Untersuchung mit ein. In Bezug auf die Erstellungsdauer ist zu erwarten, dass diese mit steigender Unternehmenskomplexität wächst: Je höher die Komplexität, desto umfangreicher und vielfältiger sind die berichteten Daten. Dies führt insbesondere bei der Konsolidierung und der Plausibilitätsprüfung zu einem erhöhten Aufwand. Oft können diese beiden Schritte auch nur nacheinander abgearbeitet werden, so dass eine Verkürzung der Bearbeitungszeit durch die parallele Bearbeitung nicht möglich ist. Abbildung 16 zeigt, dass sich unsere Erwartung von der Tendenz her bestätigt.

Was aber sind die genauen Ursachen der unterschiedlichen Erstellungsdau-

ern? Zur Durchführung eines detaillierten Prozessvergleichs wurde in allen Unternehmen der Erstellungsprozess aufgenommen. Abbildung 17 zeigt einen beispielhaften »Musterprozess«. Anhand dieses Musterprozesses werden wir zeigen, wo die Unterschiede bei der Erstellungsdauer entstehen und wo damit eventuell noch Möglichkeiten zur Zeitersparnis vorhanden sind. Neben dem Erstellungsprozess des Monatsberichtes ist in der Abbildung 17 auch der Erstellungsprozess für die *Umsatzschnellmeldungen* dargestellt.

Hohe Komplexität erhöht die Erstellungsdauer

Umsatzschnellmeldung

Bei den Interviews zur Prozesserhebung stellten wir fest, dass sämtliche Unternehmen mit Ausnahme von Unternehmen F vor der Fertigstellung des Monatsberichtes eine Umsatzschnellmeldung an die Berichtsempfänger senden. Der Umfang dieser Vorabmeldungen variiert von einer einfachen Tabelle

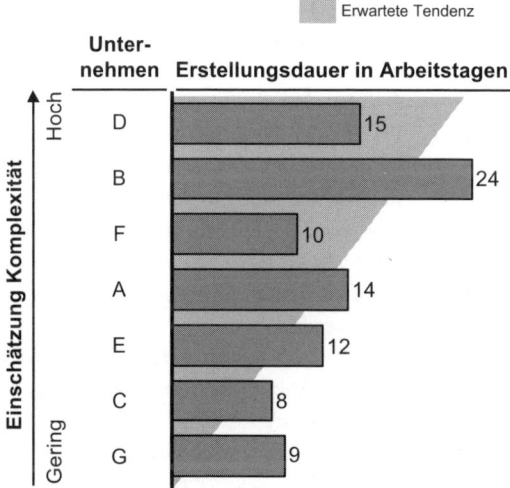

Abb. 16: Erstellungsdauer und Komplexität

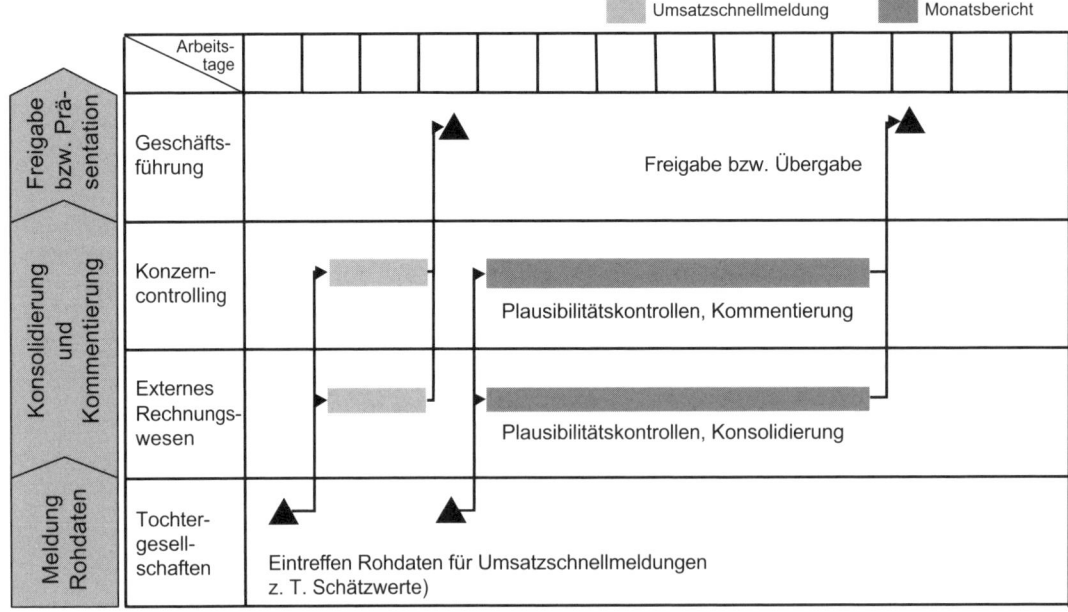

Abb. 17: Musterprozess einer Berichtserstellung

Erste Umsatzinformationen liegen bereits nach drei bis vier Tagen vor

mit hoch aggregierten Umsatzzahlen bis zu einem Kurzbericht mit circa 40 Seiten Umfang in Unternehmen D. Die Erstellungsprozesse besitzen sowohl bei den Umsatzmeldungen als auch beim Monatsbericht große Ähnlichkeiten zwischen den Unternehmen und lassen sich – wie in Abbildung 17 dargestellt – in die drei Schritte Meldung der Rohdaten, Konsolidierung und Kommentierung sowie Berichtsfreigabe beziehungsweise Präsentation unterteilen.

Für die *Umsatzmeldungen* treffen die Umsatzdaten der Tochtergesellschaften am schnellsten bei Unternehmen C ein. Bereits am ersten Tag nach Monatsultimo stehen sie dem Konzerncontrolling zur Verfügung. Bei Unternehmen D dauert die Bereitstellung der Umsatzzahlen mit vier Tagen am längsten. Die gelieferten Daten werden auf ihre Plau-

sibilität hin überprüft, gegebenenfalls konsolidiert und anschließend der Geschäftsführung gemeldet. Diese Meldung erfolgt zwischen dem zweiten und vierten Tag nach Monatsultimo. Eine Ausnahme bildet Unternehmen D. Hier wird ein kompletter Blitzbericht erstellt. Dieser umfasst ca. 40 Seiten und seine Erstellung benötigt dementsprechend länger, so dass er am neunten Arbeitstag nach Monatsultimo fertig gestellt wird. Die jeweilige Erstellungsdauer der Umsatzteilmeldungen der einzelnen Unternehmen kann Abbildung 18 entnommen werden.

Das Ziel der Umsatzmeldungen ist eine möglichst schnelle Information der Unternehmensleitung über den Geschäftsverlauf. Daher dominiert hier der Faktor Zeit ganz klar die absolute Genauigkeit. Deshalb kommen in Unter-

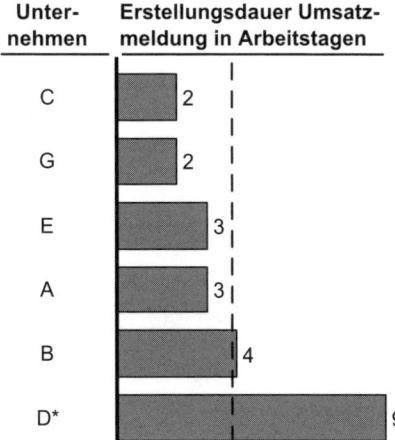

Unter- nehmen	Erstellungsdauer Umsatz- meldung in Arbeitstagen
C	2
G	2
E	3
A	3
B	4
D*	9

* 40-seitiger Blitzbericht

Abb. 18: Erstellungsdauer Umsatzmeldung in Arbeitstagen

nehmen A und D für die Umsatzmeldung auch Schätzwerte zum Einsatz. Beide Unternehmen haben allerdings die Erfahrung gemacht, dass die Abweichungen des auf exakten Daten basierenden Monatsberichts von den geschätzten Schnellmeldungen meist sehr gering und damit nicht entscheidungsrelevant sind. Dies ist ein gutes Beispiel für eine erfolgreiche Fokussierung auf ein Bewertungskriterium des Erstellungsprozesses.

Monatsbericht

Die Rohdaten für den *Monatsbericht* treffen zwischen dem ersten und achten Tag nach Monatsultimo beim Konzerncontrolling beziehungsweise beim externen Rechnungswesen ein, wie in Abbildung 19 dargestellt ist. Dabei handelt es sich zum Teil um reine Einzelabschlussdaten und zum Teil um vorkonsolidierte Ergebnisse der einzelnen Divisionen beziehungsweise Sparten. Die Weiterverarbeitung der Daten beginnt – falls erforderlich – mit der Konsolidierung. Die Konsolidierung wird dabei vom externen Rechnungswesen durchgeführt, soweit dieses als eine eigenständige Abteilung neben dem Controlling organisiert ist. Anschließende Plausibilitätsprüfungen werden bei einigen Unternehmen vom Controlling, bei anderen vom externen Rechnungswesen durchgeführt. Zum Teil parallel dazu verläuft die Erstellung der Kommentierung. Für deren Erstellung ist in drei Unternehmen (A, D, F) das zentrale Controlling zuständig. In ebenfalls drei Unternehmen werden die Kommentare von den dezentralen Managern erstellt. Einen besonderen Weg beschreitet Unternehmen C: Hier werden sowohl Kommentare von dezentralen Managern als auch vom zentralen Controlling in den Bericht aufgenommen.

Um einen Einblick in die Ursachen für die unterschiedlichen Erstellungsdauern zu gewinnen, haben wir den Er-

Die Rohdaten werden in der Zentrale geprüft und konsolidiert

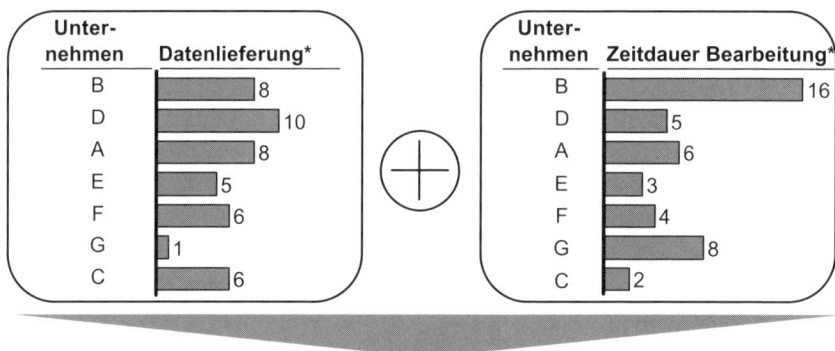

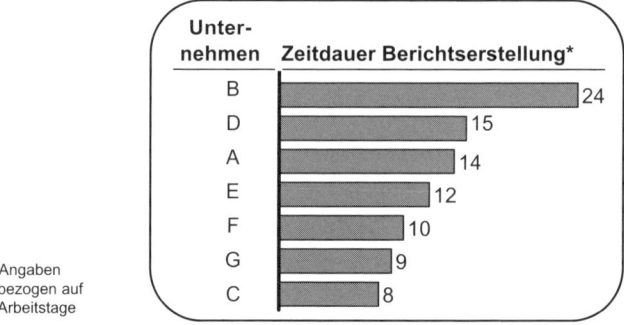

Abb. 19: Dauer der Prozessschritte zur Berichterstellung

Die Bearbeitungs-zeit in der Zentrale bestimmt die Länge der gesamten Erstellungsdauer!

stellungsprozess in die beiden Schritte Datenlieferung und Datenbearbeitung aufgespalten. Unter Datenbearbeitung wurden dabei die Schritte Plausibilitäts-prüfung, Konsolidierung und Kommen-tierung sowie die Erstellung des eigent-lichen Berichtes zusammengefasst. Aus Abbildung 19 kann entnommen wer-den, wie viel Zeit bei den einzelnen Un-ternehmen auf die einzelnen Schritte entfällt.

Keinen Einfluss auf die Erstellungs-dauer besitzt derzeit die Erstellung der Kommentierung. Diese erfolgt parallel zu Konsolidierung, Plausibilitätsprü-fung und zur eigentlichen Berichts-erstellung. Durch eine schnellere Erar-beitung der Kommentierung lässt sich

die Prozessdauer derzeit also nicht ver-kürzen. Sollten sich aber einige Unter-nehmen, wie von den Berichtsempfän-gern gefordert, um eine aussagekräfti-gere Kommentierung bemühen, dann könnte dies die Erstellungsdauer erhö-hen. Inwieweit dieses Opfer sinnvoll ist, muss dann im Einzelfall abgewogen werden. Hier sollte auf jeden Fall im Vorfeld von Änderungen eine klare Ab-stimmung mit den Berichtsempfängern erfolgen!

Insbesondere bei der Datenbearbei-tungsdauer existieren recht große Un-terschiede zwischen den Unternehmen. Untersucht man diesen Prozess detail-lierter, dann stellt man fest, dass meis-

Ergebnisse der Benchmarking-Studie

tens die Konsolidierung der Daten die Dauer der Bearbeitung bestimmt.

Die zum Teil deutlichen Unterschiede bei der Bearbeitungsdauer relativieren sich im Sinne einer absoluten Zeitersparnis ein wenig, wenn man den Zeitraum bis zum Erscheinen des externen Quartalsberichts mit in die Betrachtung einbezieht. In Abbildung 20 kann man deutlich erkennen, dass Unternehmen B einen mit dem externen Rechnungswesen vollständig abgestimmten Quartalsbericht erarbeitet. Dagegen verzichtet Unternehmen F für den internen Monatsbericht ganz auf eine Konsolidierung der Ergebnisse und benötigt dafür bei der Erstellung des Quartalsberichts entsprechend länger. Bei diesen beiden Unternehmen liegen offensichtlich deutliche Unterschiede bei der Priorisierung von Zeit und Qualität vor.

Damit sind wir wieder bei den Wechselwirkungen zwischen den einzelnen Prozessparametern und damit am Ausgangspunkt unserer Untersuchung der Prozesse zur Monatsberichtserstellung angelangt. Die Gestaltung der Erstellungsprozesse spiegelt im Wesentlichen die Priorisierung zwischen Datenqualität und Prozessdauer wider. Um hier Verbesserungen zu erzielen, sollten gemeinsam mit den Empfängern klare Prioritäten abgestimmt werden. Da sich die Prioritäten im Rahmen des beschriebenen Lebenszyklus verändern, sollte dies regelmäßig geschehen. Nur so kann sichergestellt werden, dass das Controlling seine Bemühungen auf die richtigen Zielgrößen fokussiert und damit eine Optimierung der Prozesse im Sinne der Berichtsempfänger erfolgt!

Besonders kurze Bearbeitungsdauern werden durch Verzicht auf eine Konsolidierung erzielt

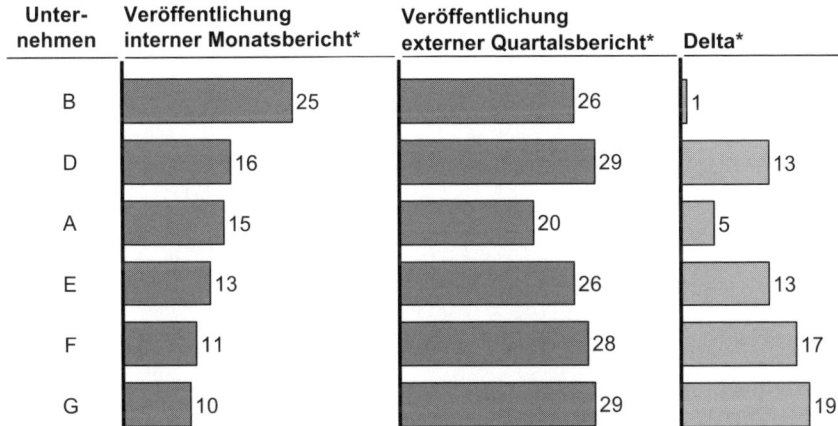

Unternehmen	Veröffentlichung interner Monatsbericht*	Veröffentlichung externer Quartalsbericht*	Delta*
B	25	26	1
D	16	29	13
A	15	20	5
E	13	26	13
F	11	28	17
G	10	29	19

* Angaben bezogen auf Arbeitstage

Abb. 20: Vergleich Veröffentlichungszeitpunkt Monats- und Quartalsbericht

5 Projekt: Optimierung des Berichtswesens

Nach den vorherigen Ausführungen zur Theorie, zu den Gestaltungsmöglichkeiten und zum Stand der Monatsberichterstattung in der Praxis sollen die Ergebnisse in diesem Abschnitt in praxisorientierte Empfehlungen überführt werden. Dies geschieht in Form von Anregungen und als ein Leitfaden, wie bei einer Optimierung des Berichtswesens vorgegangen werden kann. Dabei lehnen sich die Empfehlungen an der Struktur unseres Benchmarking-Projektes an: Unabdingbar für Verbesserungen ist zunächst die Kenntnis darüber, wo man steht – die Aufnahme des Ist-Zustandes von Produkten und Prozessen. Wesentliche Hinweise darauf, wie das Berichtswesen gestaltet werden sollte und wo Verbesserungsbedarf besteht, bieten der Informationsbedarf und die Informationswünsche der Berichtsempfänger. Schließlich muss die Verbesserung der internen Berichterstattung geplant, unternehmensintern »verkauft« und umgesetzt werden.

Was leisten ›meine‹ Berichte? – Aufnahme des Ist-Zustandes

Um zu konkreten Verbesserungen im Berichtswesen zu gelangen, ist es zunächst erforderlich, den Status quo zu ermitteln. Hier bietet sich ein Vorgehen in zwei Schritten an: Als Erstes gilt es, sich einen Überblick über die »Berichtslandschaft« im Unternehmen zu verschaffen. Im zweiten Schritt sollte dann – bezogen auf die Kernprodukte des Berichtswesens – eine detaillierte Analyse von Produkten und Erstellungsprozessen durchgeführt werden.

Im ersten Schritt, bei der Ermittlung der »Berichtslandschaft«, ist zunächst festzustellen, welche Berichte überhaupt im Unternehmen existieren und auf den Schreibtischen der Manager landen. Unserer Erfahrung nach besteht in den meisten Unternehmen kein Überblick über das Berichtswesen. Eine solche mangelnde Übersicht und Koordination birgt jedoch die Gefahr eines »Wildwuchses« im Berichtswesen, durch den schnell redundante oder gar widersprüchliche Informationen erzeugt und an die Manager berichtet werden. Das Vorhandensein und das Ausmaß solcher Mängel lässt sich durch den ersten Überblick über das Berichtswesen bereits grob abschätzen. Insbesondere bei Berichten unterschiedlicher Abteilungen mit ähnlichem Berichtsinhalt ist Vorsicht angebracht. Liefern beispielsweise Tochtergesellschaften parallel zum zentralen Finanzbericht am Controlling vorbei

Wie können Verbesserungen des Berichtswesens angegangen werden?

Oft mangelt es im Berichtswesen an Übersicht

separat Finanzinformationen an den Vorstand, besteht die Gefahr, dass hier abweichende Definitionen für Kennzahlen verwendet werden oder es sich um unkonsolidierte anstelle von konsolidierten Daten handelt. Auch die absolute Anzahl an Berichten und die Anzahl an Abteilungen oder Stellen, die diese liefern, lässt meist schon erahnen, inwieweit es an Fokussierung und Koordination im Berichtswesen mangelt.

Es lohnt sich, die bestehenden Berichte genau zu analysieren

Darüber hinaus sollte der Überblick für die Ermittlung der »Kernprodukte« innerhalb des Berichtswesens genutzt werden. Indizien dafür, welche Berichte in diese Kategorie fallen, sind der Adressatenkreis der Berichte, aber auch die Frage, ob die Berichtsinhalte noch einmal separat präsentiert und besprochen werden. Ist ein Bericht regelmäßiger Punkt auf der Agenda der Vorstandssitzung oder werden seine Inhalte in verschiedenen Gremien diskutiert, sind dies gute Anhaltspunkte dafür, dass dem Bericht eine hohe Bedeutung zukommt.

Nach der Ermittlung der Kernprodukte ist es Zeit für den zweiten Schritt, die detaillierte Analyse dieser Produkte und ihrer Erstellungsprozesse. Hier bietet sich ein Vorgehen analog zu unserem Benchmarking an. Mit unseren Benchmarking-Ergebnissen vergleichbare Werte erhält man dabei jedoch nur, wenn man ebenfalls den Monatsbericht auf Konzernebene betrachtet!

Um den Ist-Zustand sauber zu erfassen, empfiehlt es sich, zunächst auf einer rein beschreibenden Ebene zu verbleiben. Wertende Aussagen – beispielsweise zur Übersichtlichkeit des Berichtes – sollten erst zu einem späteren Zeitpunkt getroffen werden. Die Analyse der Produkte besteht damit vor allem in einer detaillierten und systematischen Erfassung ihrer Gestaltungsparameter. Hierbei sollte durchaus in die Tiefe gegangen werden: Der Umfang eines Berichtes ist beispielsweise recht offensichtlich, aber als Ergebnis nicht ausreichend. Vielmehr sollte zumindest eine gute Schätzung darüber erstellt werden, wie viele Zahlen der Bericht enthält. Dies führt meistens zu eindrucksvollen Ergebnissen. Zudem ist die Art der gelieferten Informationen zu erfassen: Liegt der Berichtsschwerpunkt eher auf zentralen oder auf dezentralen Daten? Wie hoch ist der Anteil an Marktkennzahlen und nicht-monetären Informationen und zu welchen Daten werden die Informationen in Beziehung gesetzt? Neben dem Inhalt ist auch die Gestaltung des Berichtes quantifizierbar zu machen. Hier gilt es insbesondere den Anteil an Tabellen, Grafiken und Kommentaren zu ermitteln. Bei der Festlegung der einzelnen Elemente der Produktanalyse können die im dritten Kapitel aufgeführten Gestaltungsparameter und die entsprechenden Ergebnisse unseres Benchmarking im vierten Kapitel als Orientierungshilfen dienen.

Schwieriger als die Beschreibung des Produktes dürfte sich die Erfassung des Erstellungsprozesses gestalten. Besonders wichtig ist es dabei, den zu erfassenden Prozess möglichst passend und eindeutig zu definieren. Für die Erstellung von internen Finanzberichten ist es beispielsweise nicht immer klar, was eigentlich an Tätigkeiten und Aufwand aufgrund von unternehmensinternen Informationswünschen erforderlich ist und welche Daten ohnehin für die externe Finanzberichterstattung oder für das Finanzamt erfasst werden müssen. Hier hilft es, vom fertigen Produkt ausgehend die Schritte zu erheben, die für seine konkrete Erstellung erforderlich sind, und den Prozess zunächst möglichst eng zu fassen. Für unser Benchmarking haben wir beispielsweise nur Tätigkeiten und Ereignisse in der Konzernzentrale berücksichtigt. Im Rahmen der Prozesserhebung ist festzuhalten, welche Abteilungen beziehungsweise Personen am Prozess beteiligt sind; weiterhin, welche Tätigkeiten (zum Beispiel Datenprüfung) von wem wann ausgeführt werden und welche Ereignisse (zum Beispiel Lieferung von Rohdaten, Präsentationen und Besprechungen) wann stattfinden und wer an ihnen beteiligt ist. Ist diese Erfassung abgeschlossen, kann der Prozess in einem Prozesschart, analog zu dem von uns in Abbildung 17 verwendeten, dargestellt werden. Je nachdem, welche Engpässe hierbei identifiziert und welche konkreten Ziele im Rahmen einer Prozessoptimierung verfolgt werden, können dann – ausgehend von diesem Hauptprozess – die einzelnen Teilprozesse detaillierter analysiert werden.

... und an die Leser denken! – Analyse der Informationswünsche und des Informationsbedarfs

Bereits im zweiten Kapitel wurde die Bedeutung des Informationsbedarfs der Mitarbeiter des Unternehmens als Ausgangspunkt für die Gestaltung des Berichtswesens hervorgehoben. In diesem Abschnitt sollen Anregungen und Tipps gegeben werden, wie der Informationsbedarf der Berichtsempfänger ermittelt werden kann und wie sich dabei möglichst konkrete Ansatzpunkte für Verbesserungen des Berichtswesens identifizieren lassen.

Eine komplette Erhebung des objektiven und subjektiven Informationsbedarfes aller Mitarbeiter eines Unternehmens als Ausgangspunkt für eine komplette Umgestaltung des Berichtswesens wäre ein extrem schwieriges und zeitraubendes Unterfangen. Bei der Optimierung des Berichtswesens sollte deshalb eher schrittweise vorgegangen werden. Als passender Startpunkt für die ersten Verbesserungsschritte bieten sich die im Rahmen der Analyse des Ist-Zustandes ermittelten Kernprodukte des Berichtswesens an. Durch diese Fokussierung der Verbesserungsaktivitäten lassen sich schnell Erfolge erzielen, die zudem bei den wichtigsten Kunden des Controllings unmittelbar sichtbar werden.

Verbesserungen von Berichten sollten sowohl von der Seite des objektiven als auch von der des subjektiven Informationsbedarfs her angegangen werden. Quelle für die Ermittlung des subjektiven Informationsbedarfes sind die Berichtsempfänger. Gerade der objektive Informationsbedarf lässt sich für Berichte an das Top-Management jedoch nur schwer ermitteln, da er sich kaum aus den Aufgabenstellungen der Berichtsempfänger ableiten lässt. Eine erste grobe Abschätzung, welche Daten mehr und welche weniger gut den objektiven Informationsbedarf treffen, kann (analog zum Vorgehen in unserem Benchmarking) anhand der Einflussfaktoren Komplexität und Dynamik erfolgen. Die wesentliche Quelle für die Ermittlung des objektiven Informationsbedarfes ist jedoch die gleiche wie die für

Zuerst gilt es, den Informationsbedarf zu ermitteln

den subjektiven Informationsbedarf: die Berichtsempfänger! Hier darf man nicht vergessen, dass diese ihre Aufgaben, Probleme und Entscheidungssituationen selber meist am besten überblicken können. Detaillierte Erkenntnisse sowohl zum objektiven als auch zum subjektiven Informationsbedarf können daher aus dem Verhalten (der Informationsnachfrage) der Berichtsempfänger und durch Kommunikation mit ihnen ermittelt werden.

Eine konsequente Bearbeitung beider Punkte macht dabei in den allermeisten Fällen ein Umdenken im Controlling erforderlich. Gängige Praxis bei der Gestaltung von Berichten für das Top-Management ist ein Ablauf der Kommunikation zwischen Berichtserstellern und -empfängern nach folgendem Schema: Als Erstes äußern die Manager ihren Wunsch nach einem neuen oder verbesserten Bericht. Im Normalfall ist dann das Controlling in der Pflicht und erarbeitet einen entsprechenden Entwurf, der den Adressaten vorgelegt wird. Diese artikulieren dann (mehr oder weniger konkret) ihre Änderungswünsche, welche vom Controlling in Änderungen des Berichtsentwurfes umgesetzt werden. Nachfolgend werden gegebenenfalls erneut Änderungswünsche von den Managern eingebracht.

Grundsätzlich ist an diesem Vorgehen nichts auszusetzen. Controller sind als Dienstleister in der Pflicht, mit der Erarbeitung eines Berichtsentwurfes »in Vorleistung« zu gehen und diesen bei Bedarf nachzubessern. Der grundsätzliche Mechanismus von »Versuch und Irrtum«, der hinter diesem Verfahren steht, ist ebenfalls ein wichtiges Element für die Gestaltung und für die Ver-

besserung von Berichten. Dieses Vorgehen ist aber bei weitem nicht ausreichend!

Die Orientierung an den Bedürfnissen und Wünschen der Adressaten sollte nicht – wie im Beispiel praktiziert – als eine Bringschuld der Informationsempfänger angesehen werden. Vielmehr ist es Aufgabe des Controllings, aktiv die Informationswünsche seiner Kunden zu erfragen und sich regelmäßig ein (möglichst detailliertes) Feedback zu den eigenen Berichten einzuholen. Von einer solchen Adressatenorientierung sind Controller aber vielfach noch weit entfernt.

Es geht jedoch nicht nur um ein grundsätzliches Umdenken und um Änderungen der Philosophie, sondern auch und in erster Linie darum, konkrete Schritte zu unternehmen. Bezogen auf das Berichtswesen bedeutet dies vor allem eine verbesserte Kommunikation mit den Berichtsempfängern. So können die Bedürfnisse dieser internen Kunden in Erfahrung gebracht und das Berichtswesen auf diese ausgerichtet werden. Wie diese Kommunikation gestaltet werden kann – insbesondere so, dass sich konkrete Verbesserungsmöglichkeiten aus ihr ableiten lassen –, soll nachfolgend im Vordergrund stehen.

Neben einer generellen Ausweitung des Austauschs mit den Berichtsempfängern bietet sich als erster Schritt eine Befragung mit Hilfe eines standardisierten Fragebogens an. Diese Form der Kommunikation hat den Vorteil, dass in kurzer Zeit die Meinung relativ vieler Personen eingeholt werden kann. Durch die hohe Standardisierung und Strukturierung der Kommunikation können die unterschiedlichen Meinungen der

60

Befragten zudem anschließend gut aggregiert werden. Wenn man die richtigen Fragen stellt, kann man auf diese Weise zudem konkrete Änderungsbedarfe ermitteln und wertvolle Hinweise auf Verbesserungsmöglichkeiten gewinnen. Die Fokussierung auf ein Kernprodukt innerhalb des Berichtswesens stellt dabei zum einen die Motivation der befragten Berichtsempfänger sicher. Aufgrund seiner wichtigen Rolle innerhalb des Berichtswesens werden diese dem untersuchten Bericht im Normalfall relativ viel von ihrer Zeit und Aufmerksamkeit widmen. Zum anderen können durch Verbesserungen bei Kernprodukten schnell wesentliche und vom Kunden wahrnehmbare Verbesserungen des Berichtswesens herbeigeführt werden. Zudem bietet eine solche Befragung zu einem Kernprodukt einen guten Aufhänger, um ergänzend einige Fragen zur Berichtslandschaft zu stellen.

Die Ergebnisse der Befragung sollten jedoch nicht nur für unmittelbare Verbesserungen genutzt werden; sie können vielmehr auch als gute (da handfeste) Grundlage für Diskussionen mit den Berichtsempfängern dienen und die Durchsetzung von Veränderungen im Berichtswesen begründen helfen. Hierzu jedoch mehr im Abschnitt zur Umsetzung von Verbesserungen.

Bei der Befragung zum Produkt »Berichtswesen« existieren diverse Möglichkeiten dafür, welche Fragen wie gestellt werden können. Für einige Fragen ist dabei eine Anpassung an die konkrete Unternehmenssituation und an das im Unternehmen vorhandene Berichtswesen erforderlich. Die nachfolgend aufgeführten Fragen beziehungsweise Fragen-Bereiche sollen zum einen

als Anregungen für den generellen Aufbau einer solchen Befragung, zum anderen aber auch als Vorlage für konkrete Fragestellungen dienen. Wir haben vor allem diejenigen Fragen aus unserem Benchmarking-Projekt ausgewählt, die im Nachhinein betrachtet besonders interessante und aussagekräftige Ergebnisse geliefert haben. Parallel zu den Frageblöcken wird jeweils darauf eingegangen, wie der Fragebogen aufgebaut ist und die Ergebnisse ausgewertet werden können.

Ein Ratschlag noch vorab: Die Berichtsersteller sollten vor der Befragung der Empfänger ebenfalls einen oder mehrere Fragebögen aus ihrer Sicht ausfüllen. So wird ersichtlich, wie weit und vor allem in welchen Punkten die Einschätzungen von Erstellern und Empfängern auseinander liegen. Hieraus können vor allem Hinweise auf Fehleinschätzungen und etwaigen Kommunikationsbedarf abgeleitet werden.

Eingangs der Befragung bietet es sich an, die Empfänger um eine Einschätzung der Philosophie des Berichtes (Nachschlagewerk oder Kurzübersicht) zu bitten. Eine solche Einschätzung kann beispielsweise in Form von Zustimmung beziehungsweise Ablehnung zu einzelnen Aussagen abgefragt werden. In dem bei unserem Benchmarking verwendeten Fragebogen wurden zu diesem Punkt zwei separate Aussagen aufgeführt (»Der Monatsbericht ist ein Nachschlagewerk« und »Der Monatsbericht ist eine Übersicht über den aktuellen Geschäftsverlauf«). Zu diesen sollten die Berichtsempfänger auf einer siebenstufigen Skala (von »trifft gar nicht zu« bis »trifft voll zu«) angeben, ob beziehungsweise inwieweit sie mit

Die Manager müssen zur Kooperation motiviert werden

Auch die Einschätzung der Berichte aus Controllersicht sollte ermittelt werden

61

der jeweiligen Aussage übereinstimmen. Im konkreten Fall konnten die Empfänger den Bericht damit als eine Übersicht und gleichzeitig auch als Nachschlagewerk einschätzen. Bei einer entsprechenden Berichtsstruktur ist grundsätzlich auch eine parallele Verfolgung beider Berichtsphilosophien möglich.

Fragebogen-gestaltung

Als Nächstes sollte erhoben werden, für welche Zwecke der Bericht von den Empfängern verwendet wird (Information, Planung, Kontrolle, Steuerung, Dokumentation). Hier können die Zwecke zum Beispiel auf einer Stufen-Skala von »unwichtig« bis »sehr wichtig« eingeordnet werden. Zudem kann auch die Möglichkeit eröffnet werden, sonstige Verwendungszwecke frei anzugeben. Alternativ lässt sich die direkte Frage nach Verwendungszwecken auch durch Zustimmung oder Ablehnung zu verschiedenen Aussagen (zum Beispiel »Ohne den Monatsbericht würden meine Entscheidungen anders ausfallen«) ersetzen. Dies hat den Vorteil, dass weniger Uneinigkeit darüber herrscht, was eigentlich unter dem Berichtszweck »Planung« zu verstehen ist, und diesbezüglich keine Diskussionen entstehen können.

Des Weiteren ist es sinnvoll, die Berichtsempfänger nach einer Einschätzung der Häufigkeit und der Intensität ihrer Nutzung des jeweiligen Berichtes zu fragen und sie zudem um eine Beurteilung der Bedeutung des Berichts (zum Beispiel im Vergleich zu anderen Berichten) zu bitten.

Ermittlung des Änderungs-bedarfs

In einem weiteren Block von Fragen sollte die Einschätzung der Wichtigkeit einzelner Berichtseigenschaften (zum Beispiel Umfang, Inhalt, Schnelligkeit) und die Zufriedenheit der Berichtsempf-

fänger mit diesen Eigenschaften abgefragt werden. Aus den Antworten zu diesen Fragen kann anschließend eine Wichtigkeits-/Zufriedenheitsmatrix abgeleitet werden (vgl. Abbildung 5). Nicht vergessen werden sollte zudem eine Einschätzung der Gesamt-Zufriedenheit mit dem Bericht, da die Zufriedenheit mit einzelnen Eigenschaften nicht ohne weiteres zu einer Gesamt-Zufriedenheit zusammengefasst werden kann.

Ein weiterer Fragenblock sollte den von den Berichtsempfängern wahrgenommenen Änderungsbedarf bezogen auf Berichtsinhalt und -gestaltung erheben. Wie hoch wird beispielsweise der Änderungsbedarf in Bezug auf monetäre Informationen, Informationen über das Unternehmensumfeld oder den Bericht insgesamt eingeschätzt? Hier kann zusätzlich gefragt werden, wie die Empfänger den Bericht ändern würden. Sinnvoll wäre so zum Beispiel bezogen auf Aspekte der Berichtsgestaltung und des Berichtsinhaltes die Frage, ob der Anteil von Grafiken, Tabellen und Kommentaren oder der Gesamtumfang des Berichtes eher erhöht, beibehalten oder reduziert werden sollte. Für die Aggregation können diese Aussagen als +1 (erhöhen), 0 (beibehalten) und −1 (reduzieren) gewertet werden.

Die Aussagen zum Änderungsbedarf lassen sich – wie die meisten anderen Aussagen grundsätzlich auch – dadurch weiter konkretisieren, dass sie auf einzelne Teile des Berichtes bezogen werden. Wenn die Empfänger beispielsweise angeben, den Regionen-Teil im Bericht kaum zu nutzen, und bei diesem Berichtsteil zudem eine Verringerung des Umfangs fordern, wird eine konkrete Möglichkeit für eine Kürzung des Berichtes ersichtlich. Ein Ergebnis unseres Benchmarking ist, dass insbesondere beim wahrgenommenen Änderungsbedarf die Einschätzungen von Berichtserstellern und -empfängern häufig weit auseinander liegen. Dies betrifft sowohl den insgesamt wahrgenommenen Änderungsbedarf als auch die Einschätzungen, in welchen Bereichen dieser besteht.

Auch wenn sich die hohe Standardisierung und Strukturierung eines Fragebogens bei der abschließenden Auswertung als vorteilhaft erweist, sollte auf keinen Fall vergessen werden, den Befragten Platz für frei formulierte Anregungen und Kritik zum Bericht zu lassen. Neben konkreten Hinweisen auf Verbesserungsmöglichkeiten können hier vor allem die Punkte zur Sprache kommen, die man bei der Konzipierung des Fragebogens nicht bedacht oder schlichtweg vergessen hat.

Als weiterer Weg zur Ermittlung des Informationsbedarfs und zur Verbesserung des Berichtswesens kann das Informationsverhalten der Berichtsempfänger beobachtet werden. Von besonderem Interesse sind dabei Indizien für die Häufigkeit und Intensität der Berichtsnutzung. Hier kann zum Beispiel die Zahl der Nachfragen zum Bericht erfasst werden, gleichfalls, welcher Art diese Nachfragen sind, ob es sich beispielsweise um Verständnisprobleme oder um Aufträge für weitere Nachforschungen handelt. Bei elektronischen Berichtssystemen oder bei Berichten, die über das Intranet abrufbar sind, kann gegebenenfalls zudem erfasst werden, wie häufig, von wem und wann auf Berichte beziehungsweise auf Berichtsteile zugegriffen wird.

Eine Kombination der oben geschilderten Maßnahmen sollte zwei Dinge bewirken: Erstens sollte es helfen, den Informationsbedarf und die Informationswünsche der Berichtsempfänger besser einzuschätzen und bereits erste Ideen für konkrete Verbesserungsvorschläge zu entwickeln. Zweitens sind die dabei gewonnenen Ergebnisse eine gute Grundlage für die Diskussion von Veränderungen und Verbesserungen im Berichtswesen. Wo die besonderen Herausforderungen bei Veränderungen des Berichtswesens liegen und wie ihnen begegnet werden kann, wird im nächsten Abschnitt diskutiert.

Das Informationsverhalten der Manager sollte beobachtet werden

Worauf ist bei der Umsetzung zu achten? – Besondere Herausforderungen

Veränderungen im Berichtswesen herbeizuführen, fällt typischerweise nicht leicht. Dafür gibt es verschiedene Gründe. Zunächst ist das Berichtswesen meistens nicht erst vor kurzem am Reißbrett entstanden, sondern über Jahre gewachsen. Dieser Punkt stellt allerdings kein Spezifikum des Berichtswesens dar, sondern erschwert auch eine Vielzahl anderer Veränderungsprozesse.

Darüber hinaus birgt das Berichtswesen zwei besondere Herausforderungen: Erstens ist das Berichtswesen meist eine wichtige Informationsquelle für die Unternehmensführung. Wann das Top-Management von wem welche Informationen erhält, stellt aber in vielen Fällen einen *Machtfaktor* innerhalb des Unternehmens dar. Zweitens ist es für den Erfolg von Veränderungen im Berichtswesen entscheidend, die Interaktion

Informationen bedeuten häufig Macht

zwischen Controllern und Managern zu verbessern.

Aus diesen Problemen sind folgende Konsequenzen zu ziehen: Weil die Information der Unternehmensführung einen *Machtfaktor* darstellen kann, sollte bei Veränderungen des Berichtswesens schrittweise vorgegangen werden. Ein Versuch, das Berichtswesen auf einmal grundlegend »umzukrempeln«, hätte nur geringe Erfolgsaussichten. Hier gilt es, durch Kompetenz, verbesserte Leistungen und einen besseren Überblick über das Berichtswesen sowie durch die Kenntnis der Kundenbedürfnisse zu überzeugen.

Im Berichtswesen sind Interessenkonflikte vorprogrammiert

Für den Erfolg von Veränderungen im Berichtswesen ist zudem die *Interaktion zwischen Controllern und Managern* ein Schlüsselfaktor. Nur so können die Informationsbedürfnisse und -wünsche der Berichtsempfänger in Erfahrung gebracht und das Berichtswesen auf diese ausgerichtet werden. Zudem müssen im Berichtswesen immer divergierende Interessen zum Ausgleich gebracht werden. Dies liegt daran, dass die objektiven, vor allem aber die subjektiven Informationsbedarfe der Berichtsempfänger fast zwangsläufig unterschiedlich sind. Gerade bei Berichten für das Top-Management (sprich für den Vorstand oder die Unternehmensführung) hat jeder Adressat ein eigenes Ressort und damit eine andere Aufgabenstellung. Zudem verfügt er über die für seine Aufgabe erforderliche Erfahrung und das entsprechende Fachwissen. Dementsprechend unterschiedlich sind die von den einzelnen Berichtsempfängern ge-

Controller müssen die Kommunikation mit Managern aktiv gestalten

stellten Anforderungen an Berichtsinhalt und -gestaltung. Für den erforderlichen Interessenausgleich bietet es sich an, die Adressaten mit ihren divergierenden Interessen zu konfrontieren und hierüber ins Gespräch zu kommen.

Aber wie lässt sich der für den Erfolg von Veränderungen im Berichtswesen erforderliche Austausch zwischen Controllern und Managern in Gang setzen? Ganz alleine vom Controlling kann dies nicht erreicht werden, denn die Manager müssen den Austausch immer unterstützen. Controller können allerdings eine Reihe von Maßnahmen ergreifen, um die Manager zu einer Kooperation zu motivieren: Erstens müssen sich Controller grundsätzlich trauen, das Management von sich aus auf Veränderungen im Berichtswesen anzusprechen und sich Feedback einzuholen. Hier ist ein Umdenken hin zu einer stärkeren Kundenorientierung des Controllings erforderlich. Um diesen ersten Kommunikationsschritt zu wagen, hilft es, wenn zweitens ein möglichst klares Konzept dafür vorhanden ist, wie die Kommunikation ablaufen soll und welche Ziele erreicht werden sollen. Hierfür kann die in diesem Kapitel vorgeschlagene Struktur für ein Verbesserungsprojekt als Orientierungshilfe dienen. Drittens bietet es sich (wieder einmal) an, schrittweise vorzugehen und die Manager mit konkreten Fakten, Einschätzungen und Vorschlägen zum Berichtswesen für das Thema zu interessieren und diese als Diskussionsgrundlage zu verwenden.

Projekt: Optimierung des Berichtswesens

6 Lessons learned

Zum Abschluss wollen wir die Aussagen und Ergebnisse dieses AC-Bandes noch einmal zusammenfassen. Hierfür kommen wir auf die vier Aspekte zurück, die im ersten Kapitel als besonders wichtig für eine Optimierung des Berichtswesens herausgestellt wurden:

Als erster Aspekt wurde ein *fundiertes Hintergrundwissen* zu den Grundlagen des Berichtswesens identifiziert. Hier sollte der objektive und subjektive Informationsbedarf der Berichtsempfänger den wesentlichen Ausgangspunkt für die Gestaltung des Berichtswesens bilden. Für die Ermittlung des objektiven Informationsbedarfs können bei Berichten für das Top-Management die Dynamik und Komplexität des Unternehmens als Orientierungshilfen herangezogen werden. Die Grundlage des subjektiven Informationsbedarfs sind die Fähigkeiten und Einstellungen der Berichtsempfänger.

Als zweiter wesentlicher Aspekt ist die *Kenntnis der für Berichte bestehenden Gestaltungsmöglichkeiten* zu nennen. Hier haben wir einen Überblick über das sehr weite Spektrum gegeben. Darüber hinaus ist bei der Gestaltung von Berichten zu beachten, dass eine klare Fokussierung auf möglichst wenige Berichtszwecke erfolgen sollte. Außerdem sollten Standardberichte – zu denen auch die Berichte an das Top-Management gehören – auf Zielgruppen mit ähnlichen Informationsbedürfnissen ausgerichtet werden. Der Einsatz von Standardberichten ist zudem insbesondere dann erfolgversprechend, wenn sie den Managern als gemeinsame Wissensbasis und als Diskussionsgrundlage im Sinne einer konzeptionellen Informationsnutzung dienen. Hierfür verbieten sich zu umfangreiche oder komplexe Berichte. Allerdings gibt es für die Berichtsgestaltung keine Musterlösung, da sich diese möglichst am Informationsbedarf der Adressaten ausrichten sollte.

Für eine Optimierung des Berichtswesens ist zudem ein *Überblick über den Stand des Berichtswesens in der Praxis* unverzichtbar. Hier haben die Ergebnisse unseres Benchmarking gezeigt, dass das Berichtswesen in der Praxis sehr unterschiedlich ausgestaltet ist. Dies spricht dafür, dass Berichte für das Top-Management insbesondere um ihre Adressaten herum aufgebaut werden. Als »Sorgenkind« innerhalb der Berichtsgestaltung haben sich die in den Berichten enthaltenen Kommentare erwiesen. Hier müssen Controller lernen, Kommentare aussagekräftiger zu gestalten und sie gezielter

Vier Kernhebel zur Optimierung des Berichtswesens

Worauf ist bei der Umsetzung zu achten? –
Besondere Herausforderungen

Systematisches Vorgehen ist die Grundlage für erfolgreiche Verbesserungen

einzusetzen. Darüber hinaus haben wir festgestellt, dass es oft an Fokussierung und Überblick im Berichtswesen mangelt. Hier ist das Controlling gefragt, auf eine Informationsversorgung ihrer Manager »aus einer Hand« hinzuarbeiten.

Der vierte Aspekt ist eine *Vorgehens-Systematik*, die hilft, konkrete Verbesserungspotenziale im Berichtswesen aufzudecken und umzusetzen. Der Schlüssel zum Erfolg im Berichtswesen ist dabei die Interaktion zwischen Controllern und Managern. Nur durch Kommunikation mit den Berichtsempfängern kann das Controlling die Informationsbedürfnisse und -wünsche der Manager aufspüren und das Berichtswesen entsprechend ausrichten. Unsere Erfahrungen zeigen allerdings, dass Controller das Berichtswesen momentan noch sehr stark von der Angebotsseite – also von den verfügbaren Daten und technischen Systemen her – angehen. Um die erforderliche Interaktion zwischen Controllern und Managern in Gang zu setzen, müssen Controller umdenken und die Manager stärker von sich aus auf das Berichtswesen ansprechen. Für das Zustandekommen einer erfolgreichen Interaktion muss den Managern jedoch zunächst klargemacht werden, wo dabei für sie die Vorteile liegen. Hier sollte schrittweise vorgegangen werden. Um den Stein ins Rollen zu bringen, bietet sich eine fokussierte Befragung der Berichtsempfänger an. Die so gewonnenen Ergebnisse bilden einen guten Startpunkt für einen Dialog mit den Berichtsempfängern und bieten zugleich eine handfeste Diskussionsgrundlage.

Das Berichtswesen wird in der Praxis zwar als ein Kernprodukt des Controllings angesehen, Veränderungen und Verbesserungen im Berichtswesen werden aber kaum systematisch angegangen. In diesem Punkt ist ein Umdenken sowohl bei Controllern als auch bei Managern erforderlich. Angesichts der aktuellen Defizite im Berichtswesen, der Ressourcen, die von Seiten der Controller in das Berichtswesen fließen, und der hohen Aufmerksamkeit, die Manager dem Berichtswesen widmen, sind Investitionen in Verbesserungen des Berichtswesens für alle Beteiligten in hohem Maße erfolgversprechend!

Anmerkungen

Kapitel 2

1 Vgl. Wirth (2000).
2 Vgl. Weber/Sandt (2001), S. 26.

Kapitel 3

1 Vgl. Menon/Varadarajan (1992), S. 54-57.
2 Vgl. Hunold (2003), S. 145, 225; Sandt (2003), S. 200; Weber/Sandt (2001), S. 178f.

3 Vgl. Steinle/Bruch (1998), S. 584.
4 Vgl. bspw. Zelazny (2003).

Kapitel 4

1 Vgl. Schreyögg (1996), S. 300.
2 Vgl. Homburg/Werner (1998), S. 91.
3 Vgl. Wirth (2000).

Literaturempfehlungen

Axson, D.: *Best Practices in Planning and Management Reporting. From Data to Decisions*, Hoboken, 2003.

Hungenberg, H.: *Problemlösung und Kommunikation*, München u. a., 2002.

Koch, R.: *Betriebliches Berichtswesen als Informations- und Steuerungsinstrument*, Frankfurt am Main, Berlin, Bern et al., 1994.

Wirth, T.: »Leseorientierte Gestaltung von Managementberichten – Hinweise aus der angewandten Psychologie«, in: *Kostenrechnungspraxis*, 44. Jg. (2000), S. 79–85.

Zelazny, G.: *Wie aus Zahlen Bilder werden*, Wiesbaden, 2003.

Literaturverzeichnis

Homburg, C. / Werner, H.: *Kundenorientierung mit System – mit Customer-Orientation-Management zu profitablem Wachstum*, Frankfurt/Main u.a., 1998.

Hunold, C.: *Erfolgsfaktoren kommunaler Kostenrechnung – Eine empirische Untersuchung*, Vallendar, 2003.

Karlshaus, J.-T.: *Die Nutzung von Kostenrechnungsinformationen im Marketing. Bestandsaufnahme, Determinanten und Erfolgswirkungen*, Wiesbaden, 2000.

Menon, A. / Varadarajan, P.: »A Model of Marketing Knowledge Use within Firms«, in: *Journal of Marketing*, 56. Jg. (1992), S. 53-71.

Sandt, J.: *Gestaltung und Nutzung von Kennzahlen und Kennzahlensystemen. Bestandsaufnahme, Determinanten und Erfolgsauswirkungen*, Vallendar, 2003.

Schreyögg, G.: *Organisation – Grundlagen moderner Organisationsgestaltung. Mit Fallstudien*, Wiesbaden, 1996.

Steinle, C. / Bruch, H. (Hrsg.): *Controlling – Kompendium für Controller/innen und ihre Ausbildung*, Stuttgart, 1998.

Weber, J. / Sandt, J.: *Erfolg durch Kennzahlen: Neue empirische Erkenntnisse*, Schriftenreihe Advanced Controlling, Bd. 21, Vallendar, 2001.

Wirth, T.: »Leserorientierte Gestaltung von Managementberichten – Hinweise aus der angewandten Psychologie«, in: *Kostenrechnungspraxis*, 44. Jg. (2000), S. 79-85.

Zelazny, G.: *Wie aus Zahlen Bilder werden*, Wiesbaden, 2003.

Register

In eigener Sache

Ein zentrales Ziel des Lehrstuhls besteht darin, neueste theoretische Erkenntnisse in die Praxis zu tragen. Dies erfolgt in Vorträgen, Workshops, Arbeitskreisen und im CCM (Center for Controlling & Management), in dem namhafte Großunternehmen mit wissenschaftlichen Mitarbeitern und Studenten eng zusammenarbeiten. Über die Ergebnisse dieser Arbeit berichtet regelmäßig die Schriftenreihe Advanced Controlling.

Seit 1992 arbeitet der Lehrstuhl eng mit CTcon, einem Spin-off der WHU, zusammen. CTcon ist ein auf Unternehmenssteuerung und Controlling spezia-lisiertes Beratungs- und Trainingsunternehmen. Seit Jahren setzen führende Konzerne und bedeutende öffentliche Organisationen erfolgreich auf die kompetente Unterstützung von CTcon. Dabei werden die theoretischen Erkenntnisse des Lehrstuhls konsequent in innovative Lösungen für die Unternehmenspraxis umgesetzt. Eine gemeinsame praxisbezogene Forschung und ein ständiger fachlicher Gedankenaustausch sind ebenso selbstverständlich wie die Zusammenarbeit in der Hochschulausbildung sowie in maßgeschneiderten Inhouse-Seminaren.

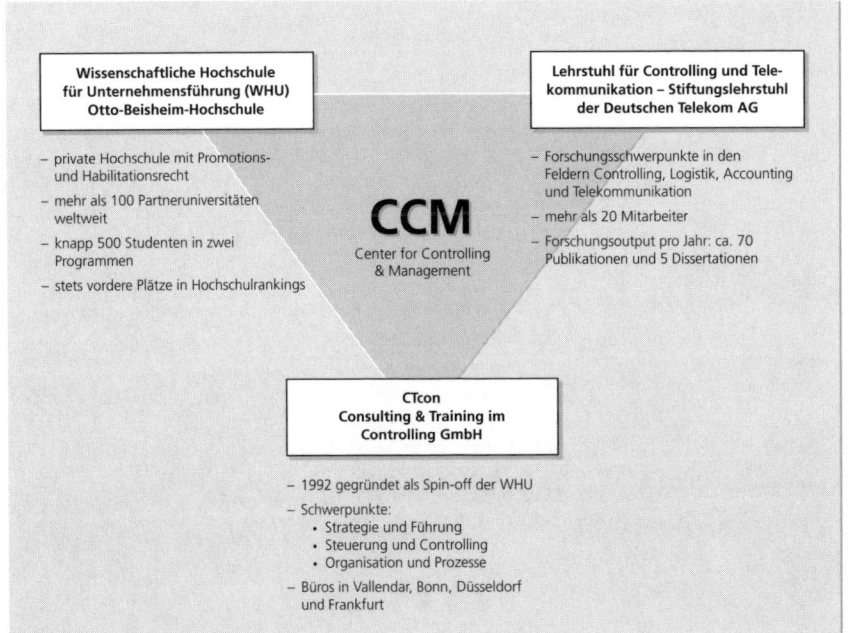

Wissenschaftliche Hochschule für Unternehmensführung (WHU) Otto-Beisheim-Hochschule

– private Hochschule mit Promotions- und Habilitationsrecht
– mehr als 100 Partneruniversitäten weltweit
– knapp 500 Studenten in zwei Programmen
– stets vordere Plätze in Hochschulrankings

CCM
Center for Controlling & Management

Lehrstuhl für Controlling und Tele-kommunikation – Stiftungslehrstuhl der Deutschen Telekom AG

– Forschungsschwerpunkte in den Feldern Controlling, Logistik, Accounting und Telekommunikation
– mehr als 20 Mitarbeiter
– Forschungsoutput pro Jahr: ca. 70 Publikationen und 5 Dissertationen

CTcon Consulting & Training im Controlling GmbH

– 1992 gegründet als Spin-off der WHU
– Schwerpunkte:
  • Strategie und Führung
  • Steuerung und Controlling
  • Organisation und Prozesse
– Büros in Vallendar, Bonn, Düsseldorf und Frankfurt

Die wichtigsten Controllingansätze
der letzten Jahre in einem Band

Jürgen Weber

Das Advanced-Controlling-Handbuch

Alle entscheidenden Konzepte, Steuerungssysteme und Instrumente

2004. 513 Seiten, 173 Abbildungen. Gebunden.
ISBN 3-527-50118-5

Was zeichnet gutes Controlling aus? Diese Frage stellt sich sowohl für Manager und Geschäftsführer als auch für Controller selbst. Denn jede unternehmerische Entscheidung basiert auf Zahlen.

Das Advanced-Controlling-Handbuch von Prof. Dr. Jürgen Weber stellt die wichtigsten Controllingansätze der letzten Jahre vor. Dabei werden die Basics wie Kostenrechnung und Kennzahlen, aber auch spezielle Themen wie Supply Chain Controlling oder Beyond Budgeting behandelt und neue Controlling-Ansätze kritisch analysiert.

Das Buch unterstützt den Leser dabei, die wichtigsten Konzepte und Instrumente des Controllings nachvollziehen und anwenden zu können. Jedes Kapitel basiert auf Studien, die von der WHU (Wissenschaftlichen Hochschule für Unternehmensführung) in deutschen Unternehmen durchgeführt wurden.

Aus dem Inhalt:
- Balanced Socrecard
- Value Based Management
- Budgeting, Better Budgeting, Beyond Budgeting
- Mittelfristplanung
- Operative Planung
- Marktorientierte Instrumente
- Kennzahlen
- Benchmarking
- Kostenrechnung
- Steuerung der Supply Chain
- Verhaltensorientiertes Controlling
- Controller und Manager im Team
- Was machen Controller wann warum?

Demnächst im Programm

Jürgen Weber

Strategisches Controlling

Wie Controller auf diesem Spielfeld wettbewerbsfähig werden
Advanced Controlling: Band 44

2005. Ca. 60 Seiten. Broschur.
ISBN 3-527-50139-8

Die Wurzeln und der Schwerpunkt des Controllings liegen in der operativen Führung. Im strategischen Bereich haben Controller dagegen häufig einen schweren Stand. Wer bewährte Controllingprozesse einfach übertragen will, wird den Besonderheiten strategischer Führung nicht gerecht. Controller müssen diese erkennen und sich darauf in ihrem Handeln ausrichten. Wie sie dabei genau vorgehen sollen, ist Inhalt des AC-Bandes.

Jürgen Weber / Andreas Florissen

Preiscontrolling

Der Weg zu einem besseren Preismanagement
Advanced Controlling: Band 45

2005. Ca. 60 Seiten. Broschur.
ISBN 3-527-50140-1

Das Preismanagement beeinflusst das Ergebnis eines Unternehmens unmittelbar. Umso verwunderlicher ist es, dass sich die Controllingabteilungen oft nicht besonders intensiv mit ihm befassen. Dabei kann ein professionelles Preiscontrolling ganz wesentlich zu einem erfolgreichen Preismanagement beitragen.

Dieser Band hält zahlreiche Tipps zur strategischen und operativen Preisbildung, zur Preisdurchsetzung und zur Preiskontrolle bereit. Der Leser wird mit den wichtigsten Prinzipien, Methoden und Instrumenten des Preismanagements vertraut gemacht.

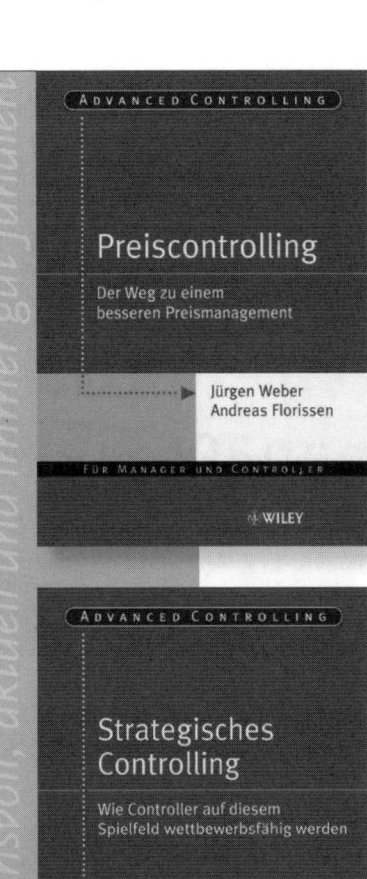